Ein Spektrale-Differenzen-Verfahren mit modaler Filterung und zweidimensionaler Kantendetektierung mithilfe konjugierter Fourierreihen

Ein Spektrale-Differenzen-Verfahren mit modaler Filterung und zweidimensionaler Kantendetektierung mithilfe konjugierter Fourierreihen

Von der Carl-Friedrich-Gauß-Fakultät
der Technischen Universität Carolo-Wilhelmina zu Braunschweig

zur Erlangung des Grades einer

Doktorin der Naturwissenschaften (Dr. rer. nat.)

genehmigte

Dissertation

von Martina Wirz
geboren am 17.08.1983
in Bromberg

Eingereicht am:	21. Juni 2012
Disputation am:	15. August 2012
Referent:	Prof. Dr. Thomas Sonar
Koreferent:	Prof. Dr. Andreas Meister

(2012)

Bibliografische Information der Deutschen Nationalbibliothek
Die Deutsche Nationalbibliothek verzeichnet diese Publikation in der Deutschen Nationalbibliografie; detaillierte bibliografische Daten sind im Internet über http://dnb.d-nb.de abrufbar.

1. Aufl. - Göttingen: Cuvillier, 2012
Zugl.: (TU) Braunschweig, Univ., Diss., 2012

978-3-95404-201-2

Nonnenstieg 8, 37075 Göttingen
Telefon: 0551-54724-0
Telefax: 0551-54724-21
www.cuvillier.de

1.iAuflage, 2012
Gedruckt auf säurefreiem Papier

978-3-95404-201-2

Danksagung

Diese Arbeit entstand während meiner Tätigkeit als wissenschaftliche Mitarbeiterin in der Arbeitsgruppe Partielle Differentialgleichungen am Institut Computational Mathematics der Technischen Universität Braunschweig sowie im Rahmen des DFG-Projekts SO-363/11-1 in Zusammenarbeit mit der Universität Kassel.

Besonders herzlich möchte ich mich bei meinem Doktorvater Prof. Dr. Thomas Sonar für seine fachliche und persönliche Betreuung bedanken. Seine wertvollen Impulse zur Weiterentwicklung dieser Arbeit sowie viele Freiräume für eigene Ideen rundeten das ausgezeichnete und stets harmonische Arbeitsklima ab.

Prof. Dr. Andreas Meister danke ich herzlich für die Übernahme des Koreferats sowie für förderliche Fragestellungen während mehrerer Kooperationstreffen.

Der Deutschen Forschungsgemeinschaft möchte ich für die finanzielle Unterstützung des genannten Projekts und allen daran Beteiligten für die angenehme Zusammenarbeit meinen Dank aussprechen.

Einen positiven Beitrag zum Gelingen dieser Arbeit hat zudem die hervorragende Atmosphäre sowohl in der Arbeitsgruppe als auch im Büro mit meiner Zimmerkollegin Dr. Antje Vollrath beigetragen, wofür ich mich ebenfalls bedanken möchte. Mein weiterer Dank gilt Marko Stautz (M. Sc., M. Ed.) und Dipl.-Math. Oec. Andrea Stähr für die detaillierte Durchsicht von Teilen einer früheren Version dieser Arbeit.

Meinem Mann Karsten danke ich nicht nur für das Korrekturlesen von mehreren Kapiteln, sondern besonders für seine menschliche Unterstützung während meiner gesamten Promotionszeit.

Inhaltsverzeichnis

1 Einleitung

Zahlreiche Phänomene in den Natur- und Ingenieurswissenschaften werden durch Systeme partieller Differentialgleichungen und insbesondere hyperbolischer Erhaltungsgleichungen modelliert, für die im Allgemeinen keine exakte Lösung bekannt ist und somit eine numerische Lösung bestimmt werden muss. Eine zusätzliche Schwierigkeit für die zahlreichen numerischen Lösungsverfahren besteht darin, dass die Lösungen der zeitabhängigen hyperbolischen Erhaltungsgleichungen Unstetigkeiten besitzen können sowie nicht eindeutig bestimmt sein müssen. Das in dieser Arbeit untersuchte Verfahren ist die relativ junge Spektrale-Differenzen-Methode, die sich insbesondere durch ihre einfache Formulierung und hohe Genauigkeit auszeichnet. Diese Methode basiert auf einer Zerlegung des Lösungsgebiets in einzelne Zellen, in denen der Fluss mithilfe (polynomieller) Ansatzfunktionen rekonstruiert und zur Aktualisierung der Lösung an diskreten Punkten genutzt wird. Dadurch ist sie leicht auf hohe Ordnungen, das heißt in diesem Kontext hohe Polynomgrade, erweiterbar.
Der Gebrauch von Polynomen hoher Ordnung hat den Vorteil, dass eine genaue Approximation auch bei gröberen Gittern möglich ist und der Fehler der numerischen Lösung exponentiell mit der Anzahl der Unbekannten fallen kann (abhängig von der Glattheit der Lösung), während er bei einer Gitterverfeinerung nur linear fällt. Somit sind bei Verfahren erster Ordnung wesentlich mehr Freiheitsgrade nötig, um dieselbe Konvergenzordnung zu erzielen. In der Nähe von Unstetigkeitsstellen treten bei beiden Ansätzen typische Probleme auf: Verfahren erster Ordnung verschmieren die Sprungunstetigkeiten, während Verfahren höherer Ordnungen den Sprung zwar scharf lokalisieren, aber aufgrund des Gibbs-Phänomens oszillieren. Diese Oszillationen müssen behoben werden, wenn die zeitliche Entwicklung der numerischen Lösung nicht zu sehr beeinträchtig und damit instabilisiert werden soll.
Ein klassischer Ansatz dafür ist der Gebrauch von Limitern. Diese sorgen dafür, dass zwar abseits von Unstetigkeitsstellen ein Fluss beziehungsweise eine Rekonstruktion hoher Ordnung genutzt wird, aber in der Nähe von Sprungstellen auf erste Ordnung limitiert wird. Ein Nachteil ist dabei, dass die Konvergenzordnung dann auch global abfällt, da durch die Limiter alle Informationen hoher Ordnung beseitigt werden.
Um die hohe Ordnung auch global in der Anwesenheit von Unstetigkeitsstellen zu erhalten, erwiesen sich modale Filter als vielversprechendes Hilfsmittel. Diese Filter modifizieren die hochfrequenten Koeffizienten einer Reihenentwicklung und erhalten somit die Informationen in den hohen Frequenzen, vermindern gleichzeitig aber die daraus enstehenden Oszillationen. Dabei kann die hohe Ordnung, wie in mehreren Anwendungen festgestellt wurde, weitestgehend erhalten bleiben, wenn geeignete Filter und Parameter gewählt werden. Dies führt auf die Frage, welche Filter zur Modifikation geeignet sein könnten. Ein hilfreicher Zusammenhang ist dabei die Tatsache, dass die Filterung mit einem speziellen Exponentialfilter und anschließender Lösung der inviskosen Erhaltungsgleichung äquivalent zur Lösung einer *viskosen* Erhaltungsgleichung ist. Für diese

viskose Formulierung wurde im Kontext spektraler Verfahren, die auf einer Fourier-Reihenentwicklung basieren, ein Konvergenzresultat für bestimmte Parameter erzielt, so dass daraus auch Rückschlüsse auf die Filterparameter möglich sind. Diese modalen Exponentialfilter wurden auch auf ein Diskontinuierliche-Galerkin-Verfahren mit Proriol-Koornwinder-Dubiner-Polynomen (kurz PKD-Polynome) übertragen und lieferten vielversprechende Ergebnisse, so dass in dieser Arbeit die modale Filterung im Rahmen eines auf PKD-Polynome erweiterten Spektrale-Differenzen-Verfahrens untersucht wird.

Um die vorgestellten Filter auch effizient zu verwenden, bedarf es einer möglichst genauen Lokalisierung der auftretenden Unstetigkeitsstellen, da eine zu grobe Filterung die Lösung unnötig verschmiert und die Ordnung in der Nähe der Unstetigkeiten reduziert. Für eine solche Kantendetektierung können verschiedene Ansätze genutzt werden. In dieser Arbeit wird neben einem bekannten, auf lokalen Verfahren erprobten Indikator basierend auf dem Abklingverhalten der PKD-Koeffizienten, auch eine Detektierungsmöglichkeit mithilfe konjugierter Fourierreihen untersucht. Aus einer Raumdimension ist bekannt, dass die konjugierten Fourier-Partialsummen gegen die Sprunghöhe der zugrunde liegenden Funktion konvergieren. Da sowohl der Ort als auch die Höhe der Unstetigkeit erkannt wird, bietet sich diese Tatsache besonders als Stoßindikator an. Nachteilig ist aber die langsame Konvergenz der konjugierten Partialsummen, so dass verallgemeinerte konjugierte Partialsummen eingeführt wurden, die aus der Faltung von sogenannten zulässigen Kernen mit der zugrunde liegenden Funktion entstehen und eine schnellere Konvergenzrate abseits der Unstetigkeitsstellen aufweisen. Dieses Detektierung im Kontext spektraler Verfahren wurde erfolgreich in einer und quasi-zwei Raumdimensionen (mit einer festgehaltener Variable) angewandt und wird nun auch im Rahmen eines lokalen Verfahrens, nämlich der Spektrale-Differenzen-Methode, untersucht.
Die konjugierte Fourier-Partialsumme in zwei Raumdimensionen ist nicht eindeutig bestimmt, sondern kann bezüglich je einer oder zwei Variablen gebildet werden. Bisherige Resultate wurden stets auf die konjugierten Partialsummen in einer Variablen zurückgeführt, wobei auch die konjugierte Partialsumme in zwei Variablen Informationen über Sprungunstetigkeiten, und zwar in den gemischten partiellen Ableitungen, liefert. Daher wird in der vorliegenden Arbeit die Konvergenz verallgemeinerter konjugierter Partialsummen in zwei Variablen untersucht und es werden entsprechende Konvergenzresultate bewiesen.
Ein Problem bei der Nutzung von Fourier-Partialsummen zur Kantendetektierung bei Verfahren, die *nicht* auf der Rekonstruktion mit Fourierreihen beruhen, ist die Bestimmung der Fourierkoeffizienten aus den vorhandenen diskreten Daten oder modalen Koeffizienten des Verfahrens. Eine Interpolation an den für die Fourierkoeffizienten benötigten Stellen führt einen zusätzlichen Fehler ein, der die Qualität der Lösung erheblich verschlechtern kann. Aus diesem Grund wird eine direkte und für die jeweilige Ordnung n *exakte* Umrechnungsformel der Fourierkoeffizienten aus den PKD-Koeffizienten bewiesen und im Rahmen der Spektrale-Differenzen-Methode angewandt.

Die vorliegende Arbeit gliedert sich wie folgt. Kapitel 2 beginnt mit einem kurzen Abriss der benötigten Grundlagen aus dem Bereich der hyperbolischen Erhaltungsgleichungen und numerischen Verfahren. Weiterhin werden einige für den weiteren Verlauf wichtige Polynombasen sowie ihre Eigenschaften erläutert.
Das dritte Kapitel behandelt die Spektrale-Differenzen-Methode, wobei zunächst der klassischen Ansatz vorgestellt und dann auf den Gebrauch allgemeiner eindimensiona-

ler Basispolynome, insbesondere der PKD-Basis, erweitert wird. Daran schließen sich einige Details zur tatsächlichen Implementierung der numerischen Flüsse an den Zellenrändern sowie ein kurzer Laufzeitvergleich der verschiedenen Varianten der Methode an. In Abschnitt 3.4 wird die Problematik der Stabilität des Spektrale-Differenzen-Verfahrens angesprochen. Abschnitt 3.5 legt einen kürzlich vorgestellten stabilen Ansatz mit zweidimensionalen Basispolynomen dar, der jedoch ad hoc nicht auf beliebig hohe Ordnungen erweiterbar ist.
Kapitel 4 beinhaltet Grundlagen und Zusammenhänge im Bereich der modalen Filterung, insbesondere auch die Beziehung modaler Filter zur Spektrale-Viskosität-Methode. Diese Resultate werden dann in Abschnitt 4.3 auf die Filterung in der PKD-Basis erweitert. Zudem wird sowohl die Problematik der adaptiven Filterung als auch die Nutzung im Spektrale-Differenzen-Verfahren angesprochen.
Im fünften Kapitel erörtern wir den Aspekt der Kantendetektierung mithilfe konjugierter Fourierreihen und die Anwendbarkeit auf lokale Verfahren wie die Spektrale-Differenzen-Methode. Nach Einführung einiger grundlegender Resultate für konjugierte Fourier-Partialsummen wird die Kantendetektierung mit verallgemeinerten konjugierten Partialsummen in einer Dimension sowohl für exakte als auch diskrete Fourierkoeffizienten erläutert. Abschnitt 5.3 behandelt die zweidimensionale Kantendetektierung und insbesondere die Konvergenzbeweise der konjugierten Partialsummen in zwei Variablen. Eine Herleitung zur direkten Bestimmung der Fourierkoeffizienten aus den PKD-Koeffizienten zur Nutzung im Rahmen der Spektralen Differenzen Methode wird in Abschnitt 5.4 ausgearbeitet. Abschnitt 5.5 umfasst Testfälle zur zweidimensionalen Kantendetektierung der verallgemeinerten konjugierten Partialsummen in zwei Variablen und Vergleiche zu bisherigen Ergebnissen.
Im sechsten Kapitel werden die numerischen Ergebnisse mit der Spektrale-Differenzen-Methode vorgestellt. Diese beinhalten sowohl stoßfreie Testfälle, die zur Ordnungsanalyse genutzt werden, als auch stoßbehaftete Tests, in denen die Wirkung der modalen Filterung demonstriert wird. In Abschnitt 6.3 kommt schließlich die Kantendetektierung basierend auf den Fourierreihen zum Einsatz und wird mit dem bisher genutzten Stoßindikator verglichen. Hier wird ebenfalls ein möglicher globaler Einsatz der Detektierung diskutiert.
Kapitel 7 schließt die Arbeit mit einer Zusammenfassung der erzielten Ergebnisse und einem Ausblick auf zukünftige Fragestellungen ab.

2 Grundlagen: Erhaltungsgleichungen und orthogonale Polynome

In diesem Kapitel führen wir die benötigten Grundlagen und Begrifflichkeiten in den Bereichen hyperbolischer Erhaltungsgleichungen sowie orthogonaler Polynome ein und geben außerdem einen kurzen Überblick über einige numerische Lösungsverfahren, die eine Einordnung der Spektrale-Differenzen-Methode ermöglichen. Für eine ausführlichere Darstellung seien dem Leser insbesondere die Grundlagenbücher [36, 37, 68, 2, 17, 35] für Abschnitt 2.1 und 2.2 sowie [14, 19, 61, 15, 58] für Abschnitt 2.3 empfohlen.

2.1 Hyperbolische Erhaltungsgleichungen

Wir befassen uns in dieser Arbeit mit Lösungsverfahren für die Klasse der hyperbolischen Erhaltungsgleichungen, einem Teilgebiet der partiellen, nichtlinearen Differentialgleichungen. Diese modellieren zum Beispiel Masse- oder Energieerhaltung und werden üblicherweise in der Erhaltungsform (oder konservativen Form)

$$\frac{\partial}{\partial t}\boldsymbol{u}(\boldsymbol{x},t) + \nabla \cdot \mathcal{F}\left(\boldsymbol{u}(\boldsymbol{x},t)\right) = 0 \tag{2.1.1}$$

dargestellt, wobei $\boldsymbol{u} : \mathbb{R}^d \times \mathbb{R}_0^+ \to \mathbb{R}^m$ der m-dimensionale Vektor der Erhaltungsvariablen und $\mathcal{F} : \mathbb{R}^m \to \mathbb{R}^{m\times d}$ ein von $\boldsymbol{u}$ abhängiger Fluss ist. Dabei bezeichnet d die Raumdimension, m die Anzahl der Erhaltungsgleichungen des Systems und $\nabla = \left(\frac{\partial}{\partial x_1}, \ldots, \frac{\partial}{\partial x_d}\right)^T$ den formalen Nabla-Operator. Handelt es sich nur um eine einzelne Erhaltungsgleichung, also $m = 1$, ist u die einzige Erhaltungsvariable.

Bei der nichtkonservativen Form wird Gleichung (2.1.1) als System von äquivalenten Gleichungen so umgeschrieben, dass sie nicht mehr als Divergenz eines Flusses $\mathcal{F}$ geschrieben werden kann. Ein Beispiel dafür ist die Burgers-Gleichung in einer Raumdimension, gegeben durch $u_t + uu_x = 0$ in nichtkonservativer und $u_t + \frac{\partial}{\partial x}\left(\frac{1}{2}u^2\right) = 0$ in konservativer Form.

Typischerweise werden Anfangsbedingungen $\boldsymbol{u}_0(\boldsymbol{x}) = \boldsymbol{u}(\boldsymbol{x}, 0)$ und gegebenenfalls auch Randbedingungen an die Erhaltungsvariablen gestellt, die widerspruchsfrei zum zugrunde liegenden Problem gesetzt sein müssen. Trotz glatter Anfangsdaten können Lösungen von Erhaltungsgleichungen Unstetigkeiten entwickeln, so dass die Existenz einer klassischen Lösung nicht gewährleistet ist. Weiterhin erschwert diese Eigenschaft das Auffinden physikalisch korrekter Lösungen aufgrund von auftretenden Oszillationen in der Nähe der Unstetigkeitsstellen, was in Kapitel 5 näher erläutert wird.

Zunächst betrachten wir einige klassische Beispiele von Erhaltungsgleichungen inklusive ihrer exakten Lösungen, die unter anderem in Kapitel 6 als Testfälle der Spektrale-Differenzen-Methode genutzt werden.

Beispiel 2.1.1. Seien $\boldsymbol{b} \in \mathbb{R}^d$ und $g : \mathbb{R}^d \to \mathbb{R}$. Die Transportgleichung

$$\frac{\partial}{\partial t} u(\boldsymbol{x}, t) + \boldsymbol{b} \cdot \nabla u(\boldsymbol{x}, t) = 0, \quad \boldsymbol{x} \in \mathbb{R}^d, t \in \mathbb{R}_0^+, \tag{2.1.2}$$

zur Anfangsbedingung $u(\boldsymbol{x}, 0) = g(\boldsymbol{x})$ besitzt die exakte Lösung

$$u(\boldsymbol{x}, t) = g(\boldsymbol{x} - \boldsymbol{b}t).$$

Beweis: Die Behauptung folgt direkt mit der Methode der Charakteristiken: Wir betrachten die Hyperebene $\boldsymbol{x}(t) - \boldsymbol{b}t = g(\boldsymbol{x}_0)$. Mit $\boldsymbol{x}'(t) = \boldsymbol{b}$ folgt

$$\begin{aligned} \frac{\partial}{\partial t} u(\boldsymbol{x}(t), t) &= \nabla u(\boldsymbol{x}(t), t) \cdot \boldsymbol{x}'(t) + \frac{\partial u(\boldsymbol{x}(t), t)}{\partial t} \cdot 1 \\ &= \boldsymbol{b} \cdot \nabla u(\boldsymbol{x}(t), t) + \frac{\partial u(\boldsymbol{x}(t), t)}{\partial t} \\ &= 0. \end{aligned}$$

Somit ist die Lösung konstant entlang der Geraden $\boldsymbol{x}(t) = g(\boldsymbol{x}_0) + \boldsymbol{b}t$. □

Die Idee der Methode der Charakteristiken besteht im Allgemeinen darin, sogenannte charakteristische Kurven oder kurz **Charakteristiken** zu finden, auf denen die partielle Differentialgleichung auf ein System gewöhnlicher Differentialgleichungen zurückgeführt und so mithilfe klassischer Theorie explizit gelöst werden kann. Eine erweiterte Einführung findet sich zum Beispiel in [16]. Bei der Transportgleichung sind die Charakteristiken parallele Geraden, so dass die Anfangsbedingung lediglich in der Zeit transportiert wird (Abbildung 2.1). Im Gegensatz dazu können sich die Charakteristiken im nächsten Beispiel schneiden, so dass selbst bei glatten Anfangsbedingungen Unstetigkeiten auftreten können.

Beispiel 2.1.2. Wir betrachten die eindimensionale Burgers-Gleichung

$$u_t(x, t) + u(x, t) u_x(x, t) = 0$$

mit der glatten Anfangsbedingung $u(x, 0) = \sin(x)$. Dann ist die Lösung konstant entlang der Charakteristiken $x(t) = x_0 + \sin(x_0)t$. Diese sind Geradem mit einer vom Anfangswert x_0 abhängigen Steigung, so dass sich unter anderem die Charakteristiken $x(t) = \pi$ (im Punkt $x_0 = \pi$) und $x(t) = \frac{\pi}{2} + t$ (für $x_0 = \frac{\pi}{2}$) im Punkt $(x, t) = (\pi, \frac{\pi}{2})$ schneiden. Daher kann hier keine klassische Lösung existieren (vergleiche Abbildung 2.2).

Dieses Beispiel zeigt zwar die Nichtexistenz von differenzierbaren Lösungen, doch können auch reale physikalische System Lösungen entwickeln, die so starke Änderungen aufweisen, dass sie unstetig wirken. Daher ist es sinnvoll den klassischen Lösungsbegriff zu

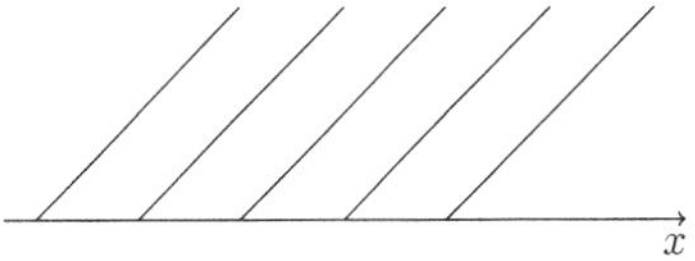

Abbildung 2.1 Charakteristiken der Transportgleichung.

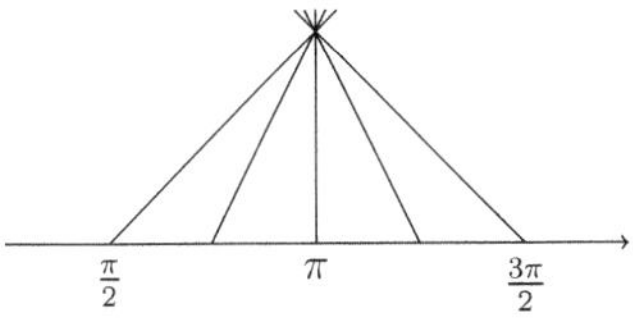

Abbildung 2.2 Charakteristiken der Burgers-Gleichung aus Beispiel 2.1.2.

verallgemeinern: Wir multiplizieren die Erhaltungsgleichung 2.1.1 für $m = 1$ mit einer Testfunktion $\psi \in \mathcal{C}_0^1(\mathbb{R}^d \times \mathbb{R}_0^+)$ und integrieren bezüglich Ort und Zeit,

$$\int_{\mathbb{R}^+}\int_{\mathbb{R}^d} [u_t(\boldsymbol{x},t) + \nabla\cdot\mathcal{F}(u(\boldsymbol{x},t))]\,\psi(\boldsymbol{x},t)\,\mathrm{d}\boldsymbol{x}\,\mathrm{d}t = 0.$$

Anwendung der Green'schen Formeln liefert dann

$$\begin{aligned} 0 = &-\int_{\mathbb{R}^+}\int_{\mathbb{R}^d} [u(\boldsymbol{x},t)\psi_t(\boldsymbol{x},t) + \nabla\psi\cdot\mathcal{F}(u(\boldsymbol{x},t))]\,\mathrm{d}\boldsymbol{x}\,\mathrm{d}t \\ &+\int_{\partial G}\left[u(\boldsymbol{x},t)n_t + \mathcal{F}(u(\boldsymbol{x},t))\cdot(n_1,\dots n_d)^T\right]\psi(\boldsymbol{x},t)\,\mathrm{d}s, \end{aligned}$$

wobei $(n_1,\dots,n_d,n_t)$ ein äußerer Normalenvektor an ein Lipschitz-Gebiet $G \subseteq \mathbb{R}^d \times \mathbb{R}^+$ mit supp $\psi \subseteq \overline{G}$ ist. Da ψ einen kompakten Träger besitzt und somit auf dem Rand von G für $t > 0$ verschwindet, bleibt im zweiten Integral nur der Anteil für $(\boldsymbol{x},0) \in \partial G$ übrig. Ein äußerer Normalenvektor ist hier durch $(0,\dots,0,-1)$ gegeben, so dass mit dem Einsatz der Anfangsbedingung $u(\boldsymbol{x},0) = u_0(\boldsymbol{x})$ schließlich

$$0 = -\int_{\mathbb{R}^+}\int_{\mathbb{R}^d} [u(\boldsymbol{x},t)\psi_t(\boldsymbol{x},t) + \nabla\psi(\boldsymbol{x},t)\cdot\mathcal{F}(u(\boldsymbol{x},t))]\,\mathrm{d}\boldsymbol{x}\mathrm{d}t + \int_{\mathbb{R}^d} u_0(\boldsymbol{x})\psi(\boldsymbol{x},0)\mathrm{d}\boldsymbol{x} \quad (2.1.3)$$

folgt. Diese Gleichung gilt nicht nur für klassische Lösungen u, sondern bereits für $u, u_0 \in L^\infty_{\mathrm{loc}}$ auf den benötigten Gebieten. Dies motiviert folgende Definition.

Definition 2.1.3. Eine Funktion $u \in L^\infty_{\mathrm{loc}}(\mathbb{R}^d \times \mathbb{R}_0^+)$ heißt **schwache Lösung** von (2.1.1) zu Anfangsbedingungen $u_0 \in L^\infty_{\mathrm{loc}}(\mathbb{R}^d)$, wenn Gleichung (2.1.3) für alle $\psi \in \mathcal{C}_0^1(\mathbb{R}^d \times \mathbb{R}_0^+)$ erfüllt ist.

Diese Definiton lässt sich analog auf Systeme mit $m > 1$ (mit $\boldsymbol{u} \in L^\infty_{\mathrm{loc}}(\mathbb{R}^d \times \mathbb{R}_0^+)^m$ beziehungsweise $\boldsymbol{u}_0 \in L^\infty_{\mathrm{loc}}(\mathbb{R}^d)^m$) übertragen. In diesem Zusammenhang betrachten wir das sogenannte **Riemann-Problem**, bei dem zu einer Erhaltungsgleichung stückweise konstante Daten mit einem Sprung vorgegeben werden.

Beispiel 2.1.4. Sei die eindimensionale Burgers-Gleichung $u_t + uu_x = 0$ mit dem Anfangsdatum

$$u(x,0) = \begin{cases} u_\ell, & \text{falls } x < 0, \\ u_r, & \text{falls } x \geq 0, \end{cases}$$

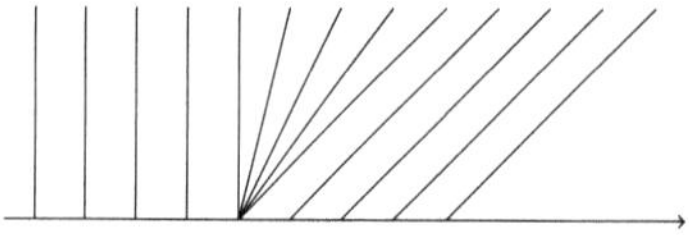

Abbildung 2.3 Verdünnungswelle.

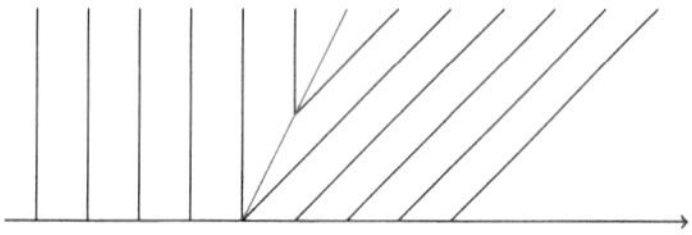

Abbildung 2.4 Entropie-verletzende Stoßwelle.

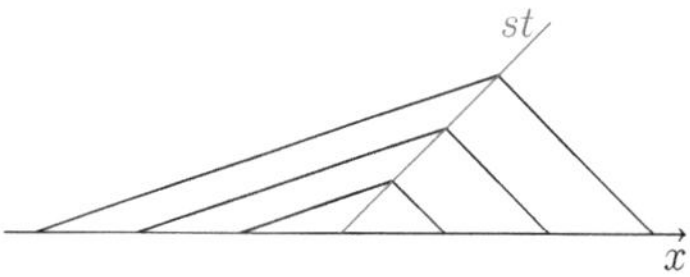

Abbildung 2.5 Schwache Lösung für $u_\ell > u_r$, Stoß in Rot.

mit $u_\ell, u_r \in \mathbb{R}$ gegeben. Die Lösung ist abhängig vom Verhältnis der Werte u_ℓ und u_r zueinander, so dass zwei Fälle unterschieden werden. Ist $u_\ell > u_r$, dann existiert eine eindeutige schwache Lösung

$$u(x,t) = \begin{cases} u_\ell, & \text{falls } x < st, \\ u_r, & \text{falls } x \geq st, \end{cases}$$

wobei $s = \dfrac{u_\ell + u_r}{2}$ die zugehörige **Stoßgeschwindigkeit** ist. Im Fall $u_\ell < u_r$ existieren unendlich viele schwache Lösungen (siehe Abbildungen 2.3 und 2.4). Dabei ist die **Verdünnungswelle** die physikalisch korrekte, sogenannte **Entropie-Lösung**[1].

Im allgemeinen Fall einer Erhaltungsgleichung der Form $u_t + \nabla \cdot f(u) = 0$ (in einer Raumdimension) mit dem Fluss $f(u)$ können wir die Stoßgeschwindigkeit s mithilfe der **Rankine-Hugeniot-Sprungbedingung**

$$f(u_\ell) - f(u_r) = s(u_\ell - u_r) \tag{2.1.4}$$

bestimmen (Herleitung siehe [36]). Dies ist die einzig mögliche Geschwindigkeit, mit der sich ein Stoß fortbewegen kann, um eine schwache Lösung der Erhaltungsgleichung zu sein. Im Fall eines linearen Systems mit dem Fluss $f(u) = Au$ und einer Matrix $A \in \mathbb{R}^{m \times m}$ erhalten wir die Bedingung $A(u_\ell - u_r) = s(u_\ell - u_r)$, das heißt $u_\ell - u_r$ muss ein Eigenvektor der Matrix A zum Eigenwert s sein. Dies muss bei der Konstruktion von sogenannten Riemann-Lösern berücksichtigt werden, die ein gegebenes Riemann-Problem lösen und noch im weiteren Verlauf bei den numerischen Lösungsverfahren in Abschnitt 2.2 und Kapitel 3 benötigt werden.

Die in Beispiel 2.1.2 und 2.1.4 vorgestellte Burgers-Gleichung ist die einfachste nichtlineare Erhaltungsgleichung, bei der sich bereits Unstetigkeiten entwicklen können. Ein

[1]Der Name entspringt der Tatsache, dass die Gesamtentropie eines physikalischen Systems nicht fällt.

komplexeres Modell sind die **Euler-Gleichungen**, ein System aus nichtlinearen Erhaltungsgleichungen, die sich physikalisch aus der Erhaltung von Masse, Impuls und Energie zusammensetzen. In zwei Raumdimensionen sind sie gegeben durch

$$\frac{\partial}{\partial t}\begin{pmatrix}\rho\\ \rho u\\ \rho v\\ \rho E\end{pmatrix}+\frac{\partial}{\partial x}\begin{pmatrix}\rho u\\ \rho u^2+p\\ \rho uv\\ \rho uH\end{pmatrix}+\frac{\partial}{\partial y}\begin{pmatrix}\rho v\\ \rho uv\\ \rho v^2+p\\ \rho vH\end{pmatrix}=0. \tag{2.1.5}$$

Dabei wird $\boldsymbol{u}=(\rho,\rho u,\rho v,\rho E)^T$ als Vektor der konservativen Variablen bezeichnet, während die Dichte ρ, die Geschwindigkeit in x-Richtung u beziehungsweise in y-Richtung v sowie der Druck p physikalische Variablen sind. Die Energie E steht in Relation zur Enthalpie H durch $H=E+\frac{p}{\rho}$ und

$$p=\rho(\gamma-1)\left(E-\frac{u^2+v^2}{2}\right). \tag{2.1.6}$$

Die letzten beiden Modelle sind im physikalischen Sinn bereits vereinfachte Formen, bei denen mindestens die innere Reibung des Fluids, die sogenannte **Viskosität**, vernachlässigt wurde. So entsprechen die Euler-Gleichungen den Navier-Stokes-Gleichungen ohne Berück-sichtigung der erwähnten Viskosität sowie der Wärmeleitung, während sich die viskose Burgers-Gleichung

$$u_t+uu_x=\varepsilon u_{xx} \tag{2.1.7}$$

liest. Diese Viskositätsterme sind zwar verschwindend klein für kleines $\varepsilon>0$, haben aber einen großen Einfluss auf die Eigenschaften der Lösungen, wie in Abbildung 2.6 ersichtlich ist: Jede Lösung der viskosen Gleichung ist stetig, nähert sich aber für $\varepsilon\to 0$ der unstetigen Lösung der nichtviskosen Gleichung an. In den physikalisch komplexeren Modellen existieren also keine unstetigen Lösungen, sondern lediglich sehr große beziehungsweise kleine Gradienten, was bei der Konstruktion numerischer Lösungsverfahren zu berücksichtigen ist.

2.2 Numerische Verfahren

Zur numerischen Lösung der in Abschnitt 2.1 vorgestellten hyperbolischen Erhaltungsgleichungen gibt es eine Vielzahl an Möglichkeiten, wobei hier sowohl Systeme, das heißt $\boldsymbol{u}:\mathbb{R}^d\times\mathbb{R}\to\mathbb{R}^m$ mit $m>1$, als auch einfache Gleichungen, also $m=1$, betrachtet werden sollen. Einen guten Überblick verschiedener räumlicher und zeitlicher Diskretisierungsmöglichkeiten höherer Ordnung bietet zum Beispiel der Übersichtsartikel [71]. Sei nun ein Definitionsbereich $\Omega\subseteq\mathbb{R}^d$ gegeben, auf der die in differentieller Form vorliegende Erhaltungsgleichung

$$\boldsymbol{u}_t(\boldsymbol{x},t)=-\nabla\cdot\mathcal{F}\left(\boldsymbol{u}(\boldsymbol{x},t)\right) \tag{2.2.1}$$

für $\boldsymbol{x}\in\Omega$, $t>t_0$ für ein $t_0\in\mathbb{R}$ und eine Flussfunktion $\mathcal{F}:\mathbb{R}^m\to\mathbb{R}^{m\times d}$ numerisch gelöst werden soll.

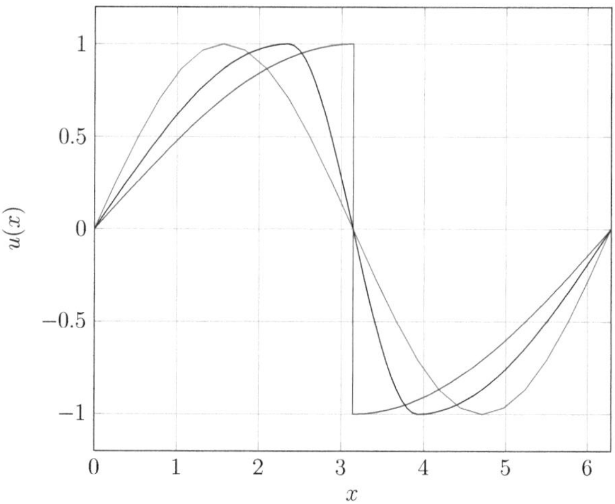

Abbildung 2.6 Lösung u zur Zeit $t = \frac{\pi}{2}$ der inviskosen (blau) und viskosen Burgers-Gleichung für ein $\varepsilon > 0$ (schwarz), Anfangsbedingung in rot.

2.2.1 Zeitdiskretisierung

Betrachten wir Gleichung (2.2.1) für festgehaltenes $\boldsymbol{x}$ lediglich als Differentialgleichung in t, haben wir es mit einer gewöhnlichen Differentialgleichung zu tun, für die verschiedene Lösungsansätze bekannt sind. Diese werden auch als **Zeitintegration** bezeichnet. Einer der bekanntesten Ansätze ist das explizite Euler-Verfahren, das einfach der Integration der Gleichung bezüglich t entspricht. Dazu wird das Zeitintervall diskretisiert, das heißt es werden Werte U^k zum Zeitpunkt t_k berechnet, die die Gleichung

$$U^{k+1}(\boldsymbol{x}) = U^k(\boldsymbol{x}) + \int_{t_k}^{t_{k+1}} -\nabla \cdot \mathcal{F}\left(U^k(\boldsymbol{x})\right)\, dt$$

erfüllen, wobei $U^0(\boldsymbol{x}) = \boldsymbol{u}(\boldsymbol{x}, t_0)$ einer vorgegebenen Anfangsbedingung entspricht. Werden zur Bestimmung der Werte U^{k+1} im $(k+1)$-ten Zeitschritt lediglich Daten aus den vorhergehenden Zeitpunkten t_0 bis t_k, also U^0 bis U^k benötigt, spricht man von **expliziter** Zeitintegration, anderenfalls von **impliziter** Zeitintegration. U^{k+1} heißt auch das **Update** von $\boldsymbol{u}$. Die explizite Zeitintegration ist im Allgemeinen einfacher zu implementieren, hat aber den Nachteil, dass aufgrund gewisser Stabilitätsbedingungen häufig sehr kleine Zeitschritte gewählt werden müssen. Die Größe der Zeitschritte kann man mithilfe der sogenannten CFL-Zahl bestimmen, die in Abschnitt 2.2.4 näher erläutert wird. Im Gegensatz dazu können bei den impliziten Methoden größere Zeitschritte gewählt werden, wobei hier aber die Berechnung von U^{k+1} im neuen Zeitschritt häufig wesentlich komplizierter ist, so dass viele Praxisanwendungen explizite Zeitschrittverfahren bevorzugen.

In dieser Arbeit beschränken wir uns ebenfalls auf die explizite Zeitintegration und insbesondere auf klassische Runge-Kutta-Verfahren. Diese Einschrittverfahren sind in zahlreichen Werken [25, 56] dokumentiert und werden häufig mithilfe von Butcher-Tableaus [8] angegeben. Da die Wahl eines angemessenen Zeitschrittverfahrens ein eigenständiges Forschungsgebiet ist, beschränken wir uns lediglich auf ein bekanntes und erprobtes Zeitintegrationsverfahren möglichst hoher Ordnung (mehr zu Ordnungen siehe Abschnitt 2.2.3), so dass wir auch in der Zeit eine gute Konvergenzrate erzielen können. Dafür wählen wir ein TVB[2]-Runge-Kutta-Verfahren vierter Ordnung mit geringem Speicherbedarf aus [11], welches sich für $\mu = 4$ schreiben lässt als

$$\begin{aligned}
U^{(0)} &= U^k, \\
V^{(j)} &= A_j V^{(j-1)} + \Delta t L\left(U^{(j-1)}, t^n + c_j \Delta t\right), && A_0 = 0, j = 1, \dots \mu, \\
U^{(j)} &= U^{(j-1)} + B_j V^{(j)}, && j = 1, \dots \mu, \\
U^{k+1} &= U^{(\mu)},
\end{aligned}$$

mit den Koeffizienten

$$\begin{aligned}
A_0 &= 0 & B_0 &= \frac{1232997174477}{9575080441755} & c_0 &= 0 \\
A_1 &= -\frac{567301805773}{1357537059087} & B_1 &= \frac{5161836677717}{13612068292357} & c_1 &= \frac{1432997174477}{9575080441755} \\
A_2 &= -\frac{2404267990393}{2016746695238} & B_2 &= \frac{1720146321549}{2090206949498} & c_2 &= \frac{2526269341429}{6820363962896} \\
A_3 &= -\frac{3550918686646}{2091501179385} & B_3 &= \frac{3134564353537}{4481467310338} & c_3 &= \frac{2006345519317}{3224310063776} \\
A_4 &= -\frac{1275806237668}{842570457699} & B_4 &= \frac{2277821191437}{14882151754819} & c_4 &= \frac{2802321613138}{2924317926251}.
\end{aligned}$$

2.2.2 Räumliche Diskretisierungen

Die numerischen Werte $U^k(\boldsymbol{x})$ können im Allgemeinen nicht explizit angegeben werden, so dass eine Ortsdiskretisierung unabdingbar ist. Wozu die Diskretisierungspunkte $\boldsymbol{x}_j \in \Omega$ genutzt werden, unterscheidet die einzelnen Verfahren stark voneinander. Bei **nodalen** Verfahren wird das Update der Lösung direkt an den Stützstellen durchgeführt, das heißt $U^{k+1}(\boldsymbol{x}_j)$ berechnet. Bei **modalen** Verfahren hingegen werden aus den Werten an den gegebenen Stützstellen Koeffizienten $\hat{\boldsymbol{u}}_\ell$ in einer anderen Basis, zum Beispiel Fourierkoeffizienten, berechnet und die numerische Lösung im nächsten Zeitschritt dann in diesem Raum bestimmt. Allgemeiner wird auch von **spektralen** Verfahren gesprochen, sobald eine Reihenentwicklung

$$\boldsymbol{u}(\boldsymbol{x}) \approx \boldsymbol{u}_N(\boldsymbol{x}) = \sum_{\ell=1}^{N} \hat{\boldsymbol{u}}_\ell \phi_\ell(\boldsymbol{x}) \tag{2.2.2}$$

als Lösungsansatz gewählt wird, wobei $\{\phi_0, \dots, \phi_N\}$ Basis eines Funktionenraums auf Ω (zum Beispiel $L^2(\Omega)$) und $\hat{\boldsymbol{u}}$ der m-Vektor aus den entsprechenden Koeffizienten ist.

[2] *Total-Variation-Bounded*

Bei der Wahl von Lagrange-Polynomen L_k als Basis, die zu einer gegebenen Stützpunktmenge $\{\boldsymbol{x}_j \mid 0 \leq j \leq N\}$ durch die Eigenschaft $L_k(\boldsymbol{x}_j) = \delta_{kj}$ definiert sind, entsprechen die Koeffizienten den Werten von $\boldsymbol{u}$ an den Stützstellen $\boldsymbol{x}_j$, so dass dieser Ansatz auch als **pseudo-spektral** bezeichnet wird.
Große Gebiete Ω werden häufig in disjunkte Teilgebiete Ω_τ zerlegt, die auch Zellen oder Elemente genannt werden. Somit sind auf jedem einzelnen Element Ω_τ weniger Stützstellen nötig, um eine höhere Genauigkeit der numerischen Lösung zu erzielen; weiterhin wird häufig eine Transformation auf ein Referenzelement ausgenutzt, so dass die Werte der Basispolynome nicht in jeder Zelle neu berechnet werden müssen. Wird die Approximation (2.2.2) in jedem dieser Elemente Ω_τ durchgeführt, spricht man von einem **lokalen**, anderenfalls von einem **globalen** Verfahren. Bei einer Unterteilung des Gebietes muss jedoch der korrekte Fluss von einem Element ins benachbarte Element berücksichtigt werden, was typischerweise mit **Riemann-Lösern**, die das in 2.1 vorgestellte Riemann-Problem zwischen zwei Elementen lösen, bewerkstelligt wird. Sind Unstetigkeiten an den Zellengrenzen erlaubt, spricht man von **diskontinuierlichen** Verfahren.

Eines der einfachsten numerischen Lösungsverfahren, das die differentielle Form der Erhaltungsgleichung (2.1.1) löst, ist die **Finite-Differenzen-Methode**. Dabei wird die Divergenz $\nabla \cdot \mathcal{F}(\boldsymbol{u}(\boldsymbol{x},t))$ an bestimmten Stellen, die durch ein sogenanntes **Differenzenmolekül** festgelegt werden, durch Differenzen diskretisiert, wie etwa der Vorwärtsdifferenz

$$\frac{\partial u}{\partial x}(x_0, y_0) = \lim_{h \to 0} \frac{u(x_0 + h, y_0) - u(x_0, y_0)}{h}$$

für $m = 1$ und $d = 2$. Ein Beispiel eines Differenzenmoleküls zu einer vorgegebenen Gitterweite h in einer Raumdimension ist der 5-Punkte Stern $\{x - 2h, x - h, x, x + h, x + 2h\}$, der die Approximation

$$f'(x) \approx \frac{-f(x+2h) - 8f(x+h) - 8f(x-h) + f(x-2h)}{12h}$$

liefert. Diese Diskretisierung ist jedoch nur für gleichmäßig verteilte Gitterpunkte mit Abstand h und niedrigen Approximationsordnungen einfach zu implementieren, da ansonsten komplizierte und weitläufige Moleküle benötigt werden, um Gradienten mit höherer Genauigkeit zu approximieren.

Einen anderen Lösungsansatz verfolgen sogenannte **Galerkin-Verfahren**, die auf einem Element Ω die integrierte Form der Erhaltungsgleichung

$$\int_\Omega \left(\frac{\partial}{\partial t} \boldsymbol{u}(\boldsymbol{x}, t) + \nabla \cdot \mathcal{F}(\boldsymbol{u}(\boldsymbol{x}, t)) \right) \boldsymbol{\psi}(\boldsymbol{x}) \, \mathrm{d}\boldsymbol{x} = 0 \tag{2.2.3}$$

betrachten, bei der Gleichung (2.1.1) zunächst mit einer (m-dimensionalen) Testfunktion $\boldsymbol{\psi}$ multipliziert und anschließend über Ω integriert wird. Einsetzen der Gleichung (2.2.2) und die Green'sche Formel liefern dann

$$\sum_{\ell=1}^{N} \frac{\mathrm{d}}{\mathrm{d}t} \hat{\mathbf{u}}_\ell(t) \int_\Omega \phi_\ell(\boldsymbol{x}) \boldsymbol{\psi}(x) \, \mathrm{d}\boldsymbol{x} =$$

$$- \oint_{\partial\Omega} \mathcal{F}\left(\sum_{\ell=1}^{N} \hat{\mathbf{u}}_\ell(t) \phi_\ell(\boldsymbol{x}) \right) \psi(\boldsymbol{x}) \, \mathrm{d}s + \int_\Omega \mathcal{F}\left(\sum_{\ell=1}^{N} \hat{\mathbf{u}}_\ell(t) \phi_\ell(\boldsymbol{x}) \right) \nabla \boldsymbol{\psi}(\boldsymbol{x}) \, \mathrm{d}\boldsymbol{x}. \tag{2.2.4}$$

Da die Rekonstruktion in jedem Zeitschritt vorgenommen wird, sind die Koeffizienten $\hat{\boldsymbol{u}}_\ell$ abhängig von t. Je nach Wahl der Basisfunktionen ϕ_ℓ erhält man nodale oder modale Galerkin-Verfahren. Diskontinuierliche Galerkin-Verfahren (DG) sind eng mit der bekannten Finite-Volumen-Methode [37, 50] verwandt und in zahlreichen Quellen dokumentiert (vergleiche [28, 9, 47]). Sie können optimale Konvergenzordnungen (das heißt Konvergenzordnung n bei genutztem Polynomgrad $n-1$, siehe Definition 2.2.1) erzielen, sind aber durch die enthaltenen Volumenintegrale relativ langsam.

Das in dieser Arbeit genutzte Spektrale-Differenzen-Verfahren kann ebenfalls optimale Konvergenzordnungen erreichen [72] und ist dabei einfach und schnell in der Implementierung. Eine ausführliche Beschreibung folgt in Kapitel 3.

2.2.3 Die Ordnung eines Verfahrens

Um die Qualität der gefundenen numerischen Lösung U^k anzugeben, wird häufig die Ordnung des Verfahrens begutachtet, wobei zwischen verschiedenen Ordnungsbegriffen zu unterscheiden ist. Bei einer solchen numerischen Ordnungsanalyse wird die Fehlerentwicklung des jeweiligen Verfahrens bei hinreichend guten und feiner werdenden Gittern untersucht, die meistens aus relativ einfachen geometrischen Figuren wie Rechtecken oder Dreiecken bestehen. Man unterscheidet zwischen **strukturierten** und **unstrukturierten** Gittern, Beispiele finden sich in Abbildung 2.7. In dieser Arbeit werden ausschließlich unstrukturierte Dreiecksgitter verwendet, da diese sich komplexen Geometrien des Lösungsbereiches besonders gut anpassen können. Bei strukturierten Gittern lässt sich eine Verfeinerung des Gitters leicht bewerkstelligen, indem einfach der Abstand zwischen zwei Stützstellen halbiert wird. Bei unstrukturierten Gittern hingegen muss man auf andere Techniken wie die Rot-Grün-Verfeinerung (vergleiche Abbildung 2.8) zurückgreifen, die zum Beispiel in [18] ausführlich beschrieben wird. Die Ordnungsbegriffe sind nun wie folgt definiert.

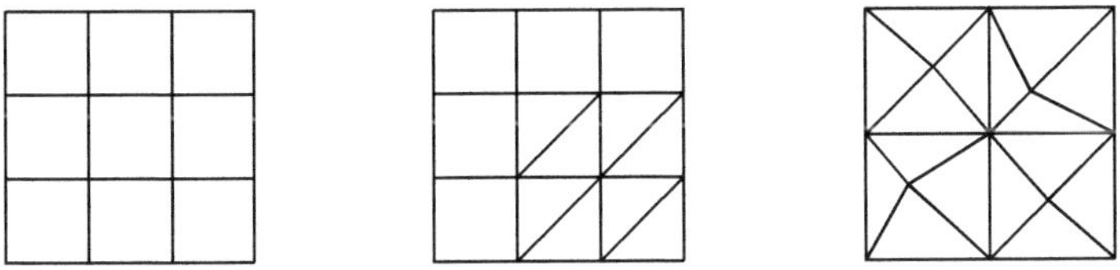

Abbildung 2.7 Strukturiertes, gemischtes und unstrukturiertes Gitter.

Definition 2.2.1. Sei $\boldsymbol{u}$ die *bekannte* exakte Lösung der Gleichung (2.2.1), u die j-te Komponente dieser Lösung und u_h die j-te Komponente der zu einem Gitter h ermittelten numerischen Lösung des Verfahrens ($1 \leq j \leq m$). $u_{h/2}$ bezeichne die j-te Komponente der numerischen Lösung zum Rot-Grün-verfeinerten Gitter $h/2$ des Gitters h (analog $u_{h/4}$).

(a) Ein numerisches Verfahren besitzt die **Ordnung** n, wenn die diskrete Formulierung exakt für Erhaltungsvariablen $\boldsymbol{u} \in \left[\mathbb{P}_{n-1}(\mathbb{R}^d)\right]^m$ ist, wobei $\mathbb{P}_{n-1}(\mathbb{R}^d)$ der Raum der Polynome in d Variablen vom Grad höchstens $n-1$ ist[3].

Abbildung 2.8 Rot-Grün-Verfeinerung eines unstrukturierten Dreieckgitters.

(b) Die **experimentelle Konvergenzordnung** p (*experimental order of convergence*, EOC) eines numerischen Verfahrens in der j-ten Erhaltungsvariablen wird bestimmt durch

$$p = \log_2 \left(\frac{||u - u_h||}{||u - u_{h/2}||} \right),$$

wobei $||\cdot||$ eine Norm beschreibt.

(c) Ist die exakte Lösung $\boldsymbol{u}$ nicht bekannt, so kann die experimentelle Konvergenzordnung p in der j-ten Erhaltungsvariablen berechnet werden durch

$$p = \log_2 \left(\frac{||u_h - u_{h/2}||}{||u_{h/2} - u_{h/4}||} \right).$$

Typischerweise werden dabei L_1-, L_2- oder L_∞-Normen betrachtet, wobei die Konvergenzordnung p je nach Norm variieren kann.

Um einen wesentlichen Unterschied zwischen klassischen und spektralen Verfahren aufzuzeigen, folgen wir den Ausführungen in [32, 71] und betrachten die Fehlerentwicklungen abhängig von der Anzahl der Freiheitsgrade (Anzahl der Unbekannten). Dazu sei ein Verfahren fester Ordnung gegeben. Wird nun die Anzahl der Freiheitsgrade durch eine Gitterverfeinerung erhöht, fällt der Fehler der numerischen Lösung in einem $\log - (\log)^{1/d}$-Plot linear ab, weshalb dieses Verhalten auch als **algebraische Konvergenz** bezeichnet wird. Im Gegensatz dazu kann sich der Fehler bei Methoden hoher Ordnung, die zu festem Gitter den Polynomgrad der Interpolationspolynome erhöhen, abhängig von der Glattheit der Lösung u exponentiell verringern. Man spricht dann von **exponentieller** oder **spektraler Konvergenz**. Somit weisen spektrale Verfahren, die auf der Approximation mit hohem Polynomgrad basieren, häufig wesentlich bessere Konvergenzraten als klassische Verfahren auf, bei denen niedrige Polynomgrade (insbesondere 0) gewählt werden.

[3]Eine exakte Definition des Polynomraums folgt in Abschnitt 2.3.

2.2.4 Die CFL-Zahl

Soll ein genutztes numerisches Verfahren zur Lösung hyperbolischer Gleichungen sinnvolle Ergebnisse liefern, dann ist die Größe der gewählten Zeitschritte $\Delta t = t_{k+1} - t_k$ im Allgemeinen nicht beliebig wählbar, sondern abhängig davon, wie schnell sich Informationen in den Zellen ausbreiten können. In einer Raumdimension lässt sich anschaulich ein Kriterium für lineare Probleme herleiten (vergleiche Abbildung 2.9): Seien die Ausbreitungsrichtung (im Bild nach rechts) und ein Gitter mit der Gitterweite h vorgegeben. Eine notwendige Bedingung an den Zeitschritt ist nun, dass er so klein ist, dass keine Information innerhalb eines Zeitschrittes verloren geht. Bewegt sich also eine Welle mit der Geschwindigkeit λ (Länge pro Zeit), dann darf sie sich in einem Zeitschritt um maximal h fortbewegt haben. Dies liefert die **Courant-Friedrichs-Levy-Bedingung** genannte Ungleichung $\lambda \Delta t \leq h$, die der Forderung entspricht, dass der Abhängigkeitsbereich der Differentialgleichung Teilmenge des numerischen Einflussgebietes zur Berechnung der numerischen Lösung ist. Das Maximum

$$\max_{\lambda} \frac{\lambda \Delta t}{h} =: \mathrm{CFL}$$

wird als **CFL-** oder **Courant-Zahl** bezeichnet. Für den Fall eines linearen Systems $u_t + \nabla \cdot (Au) = 0$ erhalten wir die CFL-Zahl analog durch Maximierung über alle Eigenwerte von A. In mehreren Raumdimensionen ist die Zeitschrittbedingung restriktiver

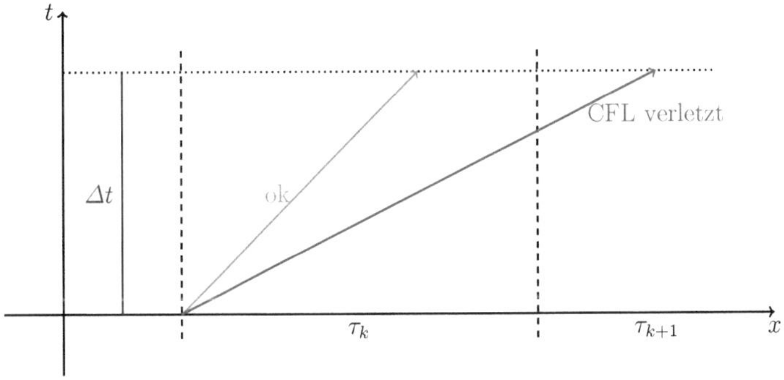

Abbildung 2.9 Anschauliche CFL-Bedingung in 1D.

und wird in Abschnitt 3.4 im Zusammenhang der von-Neumann-Stabilitätsanalyse näher erörtert. Diese ist insbesondere auch nötig, um die CFL-Zahl numerisch bei nichtlinearen Systemen ermitteln zu können.

Eine Anschauungsmöglichkeit zur Bestimmung der CFL-Zahl auf Triangulierungen bietet folgendes Beispiel.

Beispiel 2.2.2. Wir betrachten die zweidimensionale Transportgleichung

$$u_t(x, y, t) + u_x(x, y, t) + u_y(x, y, t) = 0.$$

Die Ausbreitungsgeschwindigkeit beträgt 1 sowohl in x- als auch in y-Richtung. Die Ausbreitungsgeschwindigkeit v beträgt also $\sqrt{2}$ in $(1,1)^T$-Richtung. Nun muss abhängig vom Gittertyp ein Kriterium gefunden werden, nach dem keine Information in einem Zeitschritt verloren geht, das heißt insbesondere eine geeignete Wahl der Schrittweite h. Bei dreieckigen Zellen bieten sich dafür zum Beispiel der Innenkreisdurchmesser oder der kürzeste Abstand des Schwerpunktes zu einer Kante an, so dass eine im Innenkreismittelpunkt beziehungsweise Schwerpunkt startende Welle das Dreieck innerhalb eines Zeitschritts nicht verlässt. Somit erhalten wir die CFL-Zahl $\frac{\sqrt{2}\Delta t}{h}$, wobei wir in unseren Berechnungen den Abstand des Schwerpunkts zur nächsten Kante gewählt haben.

2.3 Orthogonale Polynome

Der Einsatz einer Reihenentwicklung zur Approximation der gesuchten Lösung ist die Grundlage vieler numerischer Verfahren. Die Wahl der Basis spielt dabei eine große Rolle, so dass hier einige Eigenschaften der in dieser Arbeit benötigten Basen vorgestellt werden sollen.

Der **Grad** eines Polynoms bezeichnet immer die höchste auftretende Potenz der Variablen. In zwei Raumdimensionen lässt sich ein Polynom P vom Grad n in den Variablen x, y darstellen als

$$P(\boldsymbol{x}) = P(x,y) = \sum_{j=0}^{n}\sum_{k=0}^{n-j} a_{jk}x^j y^k, \quad a_{jk} \in \mathbb{R},$$

wobei mindestes ein $a_{jk} \neq 0$ für $j + k = n$ ist. Damit definieren wir den Raum aller Polynome in x, y vom Grad n auf einem Gebiet $\Omega \subset \mathbb{R}^2$ durch

$$\mathbb{P}_n(\Omega) := \{P(x,y) \mid (x,y) \in \Omega\} \tag{2.3.1}$$

und erhalten $\binom{n+2}{2} = \frac{1}{2}(n+1)(n+2) = N$ Koeffizienten a_{jk}.

Definition 2.3.1. Sei $\Omega \subset \mathbb{R}^2$ und $\{\boldsymbol{x}_j \mid j = 1, \ldots, N\} \subset \Omega$. Die durch

$$L_k(\boldsymbol{x}_j) := \delta_{kj} = \begin{cases} 1, & \text{falls } k = j, \\ 0, & \text{sonst,} \end{cases}$$

definierten Polynome L_k heißen **Lagrange-Polynome**.

Lemma 2.3.2. *Sei $n \in \mathbb{N}_0$ und $N := \frac{1}{2}(n+1)(n+2)$. Die Lagrange-Polynome $\{L_k \mid k = 1, \ldots, N\}$ vom Grad höchstens n zur Punktmenge $\{(x_j, y_j) \mid j = 1, \ldots, N\} \subseteq \Omega$ bilden genau dann eine Basis von Ω, wenn die Vandermonde'sche Matrix*

$$\boldsymbol{V} := \begin{pmatrix} 1 & y_1 & \cdots & x_1^n \\ \vdots & & & \vdots \\ 1 & y_N & \cdots & x_N^n \end{pmatrix}$$

regulär ist. Sie sind orthogonal bezüglich des Skalarproduktes

$$\langle p, q\rangle := \sum_{j=1}^{N} p(x_j, y_j) q(x_j, y_j).$$

Beweis: Definition der Lagrange-Polynome. □

Dieses Lemma wird noch im weiteren Verlauf der Arbeit bei der Wahl geeigneter Interpolationspunkte benötigt. Lagrange-Polynome haben zwar den Vorteil, dass sich die Koeffizienten besonders einfach (nämlich als Werte an den Stützstellen $\boldsymbol{x}_j$) berechnen lassen, doch sind sie auch mit einigen Nachteilen behaftet. So bilden sie keine hierarchische Basis, das heißt die Hinzunahme neuer Stützstellen $\boldsymbol{x}_j$ führt zu einer komplett neuen Berechnung aller Lagrange-Polynome. Um also die Koeffizienten $a_{\ell m}$ zum k-ten Lagrange-Polynom $L_k(x, y) = \sum_{\ell+m\leq n} a_{\ell m} x^{\ell} y^{m}$ vom Grad n zu erhalten, muss das Gleichungssystem

$$\boldsymbol{V} \cdot \boldsymbol{a} = \begin{pmatrix} 1 & y_1 & \cdots & x_1^n \\ \vdots & & & \vdots \\ 1 & y_N & \cdots & x_N^n \end{pmatrix} \begin{pmatrix} a_1 \\ \vdots \\ a_N \end{pmatrix} = \begin{pmatrix} \delta_{1k} \\ \vdots \\ \delta_{Nk} \end{pmatrix} \tag{2.3.2}$$

gelöst werden. Weiterhin ist die Vandermonde'sche Matrix V aus (2.3.2) schlecht konditioniert, so dass erst geeignete Stützstellen für eine Basis L_k gefunden werden müssen.

Stützstellen	Lagrange-Polynome
$\boldsymbol{x}_1 = (0, 0)$	$L_1(x, y) = 1 - x - y$
$\boldsymbol{x}_2 = (1, 0)$	$L_2(x, y) = x$
$\boldsymbol{x}_3 = (0, 1)$	$L_3(x, y) = y$

Stützstellen	Lagrange-Polynome
$\boldsymbol{x}_1 = \left(\frac{1}{2}, 0\right)$	$L_1(x, y) = 1 - 2y$
$\boldsymbol{x}_2 = \left(\frac{1}{2}, \frac{1}{2}\right)$	$L_2(x, y) = -1 + 2x + 2y$
$\boldsymbol{x}_3 = \left(0, \frac{1}{2}\right)$	$L_3(x, y) = 1 - 2x$

Tabelle 2.1 Lagrange-Polynome für $n = 1$, $N = 3$ zu unterschiedlichen Stützstellen $\{\boldsymbol{x}_1, \boldsymbol{x}_2, \boldsymbol{x}_3\}$.

Auch wenn das Interpolationspolynom eindeutig ist, kann es aufgrund von eben genannten Schwierigkeiten vorteilhaft sein, eine andere Basis als die Lagrange-Basis zu wählen. Da wir uns in dieser Arbeit auf Triangulierungen eines Gebietes beschränken, kommen für uns insbesonders orthogonale Polynome auf Dreiecken in Fragen.

2.3.1 PKD-Polynome

Die **Proriol-Koornwinder-Dubiner-Polynome** oder kurz **PKD-Polynome** wurden jeweils in den Arbeiten von Proriol [54], Koornwinder [33] und Dubiner [14] als eine orthogonale Basis von Polynomen auf dem Dreieck

$$\mathbb{T}^2 := \{(r, s) \in \mathbb{R}^2 \mid r, s \geq -1, r + s \leq 0\} \tag{2.3.3}$$

eingeführt. Dabei entstanden die Polynome in Proriol's Arbeit als ein Spezialfall einer größeren Klasse von orthogonalen Polynomen in zwei Variablen, während Dubiner sie als eine Art „warped product" aus den Jacobi-Polynomen auf dem Quadrat $[-1,1]^2$ konstruierte. Dazu wird die in Abbildung 2.10 skizzierte Transformation ψ betrachtet, die das Dreieck $\mathbb{T}^2$ durch „Auffächern" des oberen Eckpunktes mit dem Quadrat $[-1,1]^2$ identifiziert. Sie ist definiert durch

$$\begin{aligned}\psi : \mathbb{T}^2 \setminus \{(-1,1)\} &\to [-1,1] \times [-1,1)\\ \begin{pmatrix} r \\ s \end{pmatrix} \mapsto \begin{pmatrix} x \\ y \end{pmatrix} &= \begin{pmatrix} \frac{2(1+r)}{(1-s)} - 1 \\ s \end{pmatrix}\end{aligned}$$

und singulär im Punkt $(-1,1)$, der formal aus dem Definitionsbereich genommen wird.

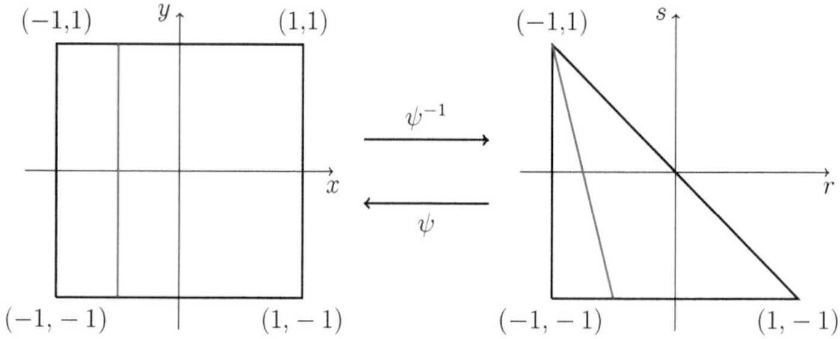

Abbildung 2.10 Transformation ψ mit Umkehrabbildung ψ^{-1}.

Die Umkehrabbildung entspricht der „Kollabierung" des Quadrats auf das Dreieck und ist dort überall definiert:

$$\begin{aligned}\psi^{-1} : [-1,1]^2 &\to \mathbb{T}^2\\ \begin{pmatrix} x \\ y \end{pmatrix} \to \begin{pmatrix} r \\ s \end{pmatrix} &= \begin{pmatrix} \frac{(1+x)(1-y)}{2} - 1 \\ y \end{pmatrix}.\end{aligned}$$

Wir nehmen nun eine orthogonale Basis des Intervalls $[-1,1]$ wie zum Beispiel die Jacobi-Polynome, die wir hier zur späteren Weiterverwendung wie in [1] explizit definieren.

Definition 2.3.3. Die **Jacobi-Polynome** $P_n^{\alpha,\beta}$ sind für $x \in [-1,1]$, $\alpha, \beta > -1$ und $n \in \mathbb{N}_0$ definiert als

$$P_n^{\alpha,\beta}(x) := \frac{\Gamma(\alpha+n+1)}{n!\Gamma(\alpha+\beta+n+1)} \sum_{k=0}^{n} \binom{n}{k} \frac{\Gamma(\alpha+\beta+n+k+1)}{\Gamma(\alpha+k+1)} \left(\frac{x-1}{2}\right)^k. \quad (2.3.4)$$

Man beachte, dass für $n \in \mathbb{N}$ der Zusammenhang $\Gamma(n) = (n-1)!$ gilt.

Bemerkung 2.3.4. Die Jacobi-Polynome erfüllen die Rekursion

$$\begin{aligned}
P_0^{\alpha,\beta}(x) &= 1, \\
P_1^{\alpha,\beta}(x) &= \frac{1}{2}\left((\alpha-\beta)+(\alpha+\beta+2)x\right), \\
a_{1,k}P_{k+1}^{\alpha,\beta}(x) &= a_{2,k}P_k^{\alpha,\beta}(x) - a_{3,k}P_{k-1}^{\alpha,\beta}(x),
\end{aligned}$$

mit den Koeffizienten

$$\begin{aligned}
a_{1,k} &= 2(k+1)(k+\alpha+\beta+1)(2k-\alpha+\beta), \\
a_{2,k} &= (2k+\alpha+\beta+1)(\alpha^2+\beta^2) - x\frac{\Gamma(2k+\alpha+\beta+3)}{\Gamma(2k+\alpha+\beta)}, \\
a_{3,k} &= 2(k+\alpha)(k+\beta)(2k+\alpha+\beta+2).
\end{aligned}$$

Ein allgemeiner Beweis für die obigen Bemerkung und das nachfolgende Lemma findet sich unter anderem in [19].

Lemma 2.3.5. *Die Jacobi-Polynome vom Grad höchstens n mit festem α, β bilden eine orthogonale Basis von*

$$\mathbb{P}_n([-1,1]) := \left\{\sum_{k=0}^{n} a_k x^k \mid a_k \in \mathbb{R}, x \in [-1,1]\right\}$$

bezüglich des Skalarproduktes

$$\left\langle P_j^{\alpha,\beta}, P_k^{\alpha,\beta}\right\rangle = \int_{-1}^{1} w(x)P_j^{\alpha,\beta}(x)P_k^{\alpha,\beta}(x)\,\mathrm{d}x \tag{2.3.5}$$

mit der Gewichtsfunktion $w(x) = (1-x)^\alpha(1-x)^\beta$. Weiterhin gilt

$$\left\langle P_k^{\alpha,\beta}, P_k^{\alpha,\beta}\right\rangle = \frac{2^{\alpha+\beta+1}\Gamma(k+\alpha+1)\Gamma(k+\beta+1)}{(2k+\alpha+\beta+1)k!\Gamma(k+\alpha+\beta+1)}. \tag{2.3.6}$$

Nun betrachten wir das Produkt

$$\varphi_{\ell m}(r,s) := P_\ell^{0,0}\left(\frac{2(1+r)}{(1-s)}-1\right)\left(\frac{1-s}{2}\right)^\ell P_m^{2\ell+1,0}(s) = p_\ell(\psi(r,s))\cdot p_{\ell m}(\psi(r,s))$$

mit Polynomen $p_\ell(x,y) := P_\ell^{0,0}(x)$ vom Grad ℓ und $p_{\ell m}(x,y) := \left(\frac{1-y}{2}\right)^\ell P_m^{2\ell+1,0}(y)$ vom Grad $\ell+m$ für $\ell, m \in \mathbb{N}_0$. $\varphi_{\ell m}$ ist auf $\mathbb{T}^2 \setminus \{(-1,1)\}$ definiert und kann sogar im Punkt $(-1,1)$ fortgesetzt werden, da $P_\ell^{0,0}$ ein Polynom vom Grad ℓ ist und sich somit der Nenner $(1-s)$ mit dem Faktor $\left(\frac{1-s}{2}\right)^\ell$ herauskürzt. Damit ist $\varphi_{\ell m}$ tatsächlich ein Polynom in den Variablen r, s vom Grad $\ell+m$, so dass wir folgende Definition geben können.

Definition 2.3.6. Die PKD-Polynome auf $\mathbb{T}^2$ vom Grad höchstens n sind für $0 \leq \ell + m \leq n$ definiert durch

$$\phi_k(r,s) := \varphi_{\ell m}(r,s) := P_\ell^{0,0}\left(\frac{2(1+r)}{(1-s)} - 1\right)\left(\frac{1-s}{2}\right)^\ell P_m^{2\ell+1,0}(s), \tag{2.3.7}$$

wobei $1 \leq k \leq \frac{1}{2}(n+1)(n+2)$. Die $\phi_k = \varphi_{\ell m}$ seien stets lexikographisch geordnet.

Die ersten sechs PKD-Polynome inklusive der lexikographischen Ordnung zum Grad 1 und 2 sind in Tabelle 2.2 angegeben.

$n=1$	$n=2$	PKD-Polynom
$\phi_1(r,s)$	$\phi_1(r,s)$	$\varphi_{00}(r,s) = 1$
$\phi_2(r,s)$	$\phi_2(r,s)$	$\varphi_{01}(r,s) = \frac{1}{2} + \frac{3}{2}s$
$\phi_3(r,s)$	$\phi_4(r,s)$	$\varphi_{10}(r,s) = \frac{1}{2} + r + \frac{1}{2}s$
-	$\phi_3(r,s)$	$\varphi_{02}(r,s) = \frac{5}{2}s^2 + s - \frac{1}{2}$
-	$\phi_5(r,s)$	$\varphi_{11}(r,s) = \frac{5}{4}s^2 + 2s + \frac{5}{2}rs + \frac{3}{2}r + \frac{3}{4}$
-	$\phi_6(r,s)$	$\varphi_{20}(r,s) = \frac{3}{2}r^2 + \frac{3}{2}rs + \frac{3}{2}r + \frac{1}{4}s^2 + s + \frac{1}{4}$

Tabelle 2.2 Die ersten sechs PKD-Polynome.

Lemma 2.3.7. *Sei analog zur Gleichung* (2.3.1) $\mathbb{P}_n(\mathbb{T}^2)$ *der Raum der Polynome in den Variablen* r, s *auf* $\mathbb{T}^2$. *Dann bilden die PKD-Polynome eine orthogonale Basis von* $\mathbb{P}_n(\mathbb{T}^2)$ *bezüglich des Skalarprodukts*

$$\langle \phi_i, \phi_j \rangle = \int_{\mathbb{T}^2} \phi_i(r,s)\phi_j(r,s)\,\mathrm{d}(r,s). \tag{2.3.8}$$

Außerdem ist

$$\gamma_{\ell m} := \langle \phi_i, \phi_i \rangle = \langle \varphi_{\ell m}, \varphi_{\ell m} \rangle = \frac{2}{(2\ell+1)(\ell+m+1)} \tag{2.3.9}$$

und

$$\varphi_{\ell m}(-1,1) = \begin{cases} m+1, & \textit{falls } \ell = 0, \\ 0, & \textit{sonst.} \end{cases} \tag{2.3.10}$$

Beweis: Die Jacobi-Matrix der Rücktransformation ψ^{-1} ist gegeben durch

$$\det \mathcal{J}_{\psi^{-1}} = \begin{vmatrix} r_x & r_y \\ s_x & s_y \end{vmatrix} = \begin{vmatrix} \frac{1-y}{2} & -\frac{1+x}{2} \\ 0 & 1 \end{vmatrix} = \frac{1-y}{2},$$

so dass mit der Transformationsformel für Gleichung (2.3.8) folgt

$$\begin{aligned}
&\langle \varphi_{\ell m}, \varphi_{uv} \rangle \\
&= \int_{\mathbb{T}^2} \varphi_{\ell m}(r,s)\varphi_{uv}(r,s)\,\mathrm{d}(r,s) \\
&= \int_{-1}^{1}\int_{-1}^{1} P_\ell^{0,0}(x)\left(\frac{1-y}{2}\right)^\ell P_m^{2\ell+1,0}(y) P_u^{0,0}(x)\left(\frac{1-y}{2}\right)^u P_v^{2u+1,0}(y)\left|\frac{1-y}{2}\right|\mathrm{d}(x,y) \\
&= \frac{1}{2^{\ell+u+1}} \underbrace{\int_{-1}^{1} P_\ell^{0,0}(x)P_u^{0,0}(x)\,\mathrm{d}x}_{=(*)} \underbrace{\int_{-1}^{1} (1-y)^{\ell+u+1} P_m^{2\ell+1,0}(y)P_v^{2u+1,0}(y)\,\mathrm{d}y.}_{=(\#)}
\end{aligned}$$

Lemma 2.3.5 besagt, dass $(*) = 0$ für alle $\ell \neq u$ ist. Im Fall $\ell = u$ haben die Jacobi-Polynome in $(\#)$ dieselben Parameter, so dass $(\#) = 0$ für alle $m \neq v$ folgt. Gleichung (2.3.6) liefert nun für $\ell = u$ und $m = v$

$$(*) = \frac{2}{2\ell+1} \quad \text{und} \quad (\#) = \frac{2^{2\ell+1}}{\ell+m+1}$$

und damit die Orthogonalität der PKD-Polynome sowie Gleichung (2.3.9).
Zur Bestimmung des Wertes von $\varphi_{\ell m}$ im Eckpunkt $(r,s) = (-1,1)$ stellen wir das Jacobi-Polynom $P_\ell^{0,0}$ als Linearkombination von Monomen dar, das heißt wir haben $P_\ell^{0,0}(x) = \sum_{i=0}^{\ell} c_i x^i$ mit Koeffizienten $c_i \in \mathbb{R}$ und der üblichen Konvention $x^0 = 1$. Damit erhalten wir

$$\begin{aligned}
\varphi_{\ell m}(r,s) &= P_\ell^{0,0}\left(\frac{1+2r+s}{1-s}\right)\left(\frac{1-s}{2}\right)^\ell P_m^{2\ell+1,0}(s) \\
&= \sum_{i=0}^{\ell} c_i \left(\frac{1+2r+s}{1-s}\right)^i \left(\frac{1-s}{2}\right)^\ell P_m^{2\ell+1,0}(s) \\
&= \frac{1}{2^\ell}\sum_{i=0}^{\ell} c_i \underbrace{(1+2r+s)^i(1-s)^{\ell-i}}_{(**)} P_m^{2\ell+1,0}(s),
\end{aligned} \tag{2.3.11}$$

wobei $(**) = 1$ für $i = \ell = 0$ ist. Somit folgt aus

$$\begin{aligned}
\varphi_{\ell m}(-1,1) &= \frac{1}{2^\ell}\sum_{i=0}^{\ell} c_i(1-2+1)^i(1-1)^{\ell-i}P_m^{2\ell+1,0}(1) \\
&= \begin{cases} 1\cdot P_0^{0,0}(0)\cdot P_m^{1,0}(1) = \binom{m+1}{m} = m+1, & \text{falls } \ell = 0, \\ 0, & \text{sonst} \end{cases}
\end{aligned}$$

die Gleichung (2.3.10).
Weiterhin gilt $\varphi_{\ell m} \in \mathbb{P}_n(\mathbb{T}^2)$, denn auf der rechten Seite von Gleichung (2.3.11) steht die Summe von Produkten aus Polynomen vom Grad i, $\ell - i$ und höchstens m, also ein

Polynom vom Grad höchstens $\ell+m$. Die Orthogonalität der $\varphi_{\ell m}$ liefert sofort die lineare Unabhängigkeit, da für jede Linearkombination mit

$$\sum_{\ell+m\leq n} \alpha_{\ell m}\varphi_{\ell m}(r,s)=0$$

und jedes PKD-Polynom $\varphi_{\mu\nu}$ folgt:

$$0=\left\langle \sum_{\ell+m\leq n} \alpha_{\ell m}\varphi_{\ell m}, \varphi_{\mu\nu}\right\rangle = \sum_{\ell+m\leq n} \alpha_{\ell m}\langle\varphi_{\ell m},\varphi_{\mu\nu}\rangle = \alpha_{\mu\nu}\frac{2}{(2\mu+1)(\mu+\nu+1)},$$

also $\alpha_{\mu\nu}=0$ für alle μ,ν. Da die Kardinalitäten der Monombasis von $\mathbb{P}_n(\mathbb{T}^2)$ und der linear unabhängigen Menge $\{\varphi_{\ell m} \mid \ell, m\in\mathbb{N}_0, \ell+m\leq n\}$ gleich sind, sind die PKD-Polynome ebenfalls eine Basis von $\mathbb{P}_n(\mathbb{T}^2)$. □

Jacobi-Polynome haben die Eigenschaft, dass sie Lösungen eines **Sturm-Liouville-Problems** sind, das in einer Raumdimension durch die Gleichung

$$-(p(x)u'(x))'+q(u)u(x)=\lambda w(x)u(x)$$

für $x\in(-1,1)$ mit geeigneten Randbedingungen an u und gewissen Regularitätsforderungen an die Funktionen $p,q,w:(-1,1)\to\mathbb{R}$ gegeben ist. Für die PKD-Polynome wurde in den Arbeiten von [66] ebenfalls eine Gleichung vom Sturm-Liouville-Typ hergeleitet und folgende Eigenschaft bewiesen.

Satz 2.3.8. *Die PKD-Polynome ϕ erfüllen auf $\mathbb{T}^2$ das Sturm-Liouville-Problem*

$$\mathcal{L}_{r,s}\phi(r,s)+\lambda\phi(r,s)=0 \tag{2.3.12}$$

mit dem Differentialoperator

$$\begin{aligned}\mathcal{L}_{r,s} =&\frac{\partial}{\partial r}\left((1+r)\left((1-r)\frac{\partial}{\partial r}-(1+s)\frac{\partial}{\partial s}\right)\right)\\ &+\frac{\partial}{\partial s}\left((1+s)\left((1-s)\frac{\partial}{\partial s}-(1+r)\frac{\partial}{\partial r}\right)\right).\end{aligned} \tag{2.3.13}$$

Die Eigenfunktionen zum Operator $\mathcal{L}_{r,s}$ sind die PKD-Polynome $\phi=\varphi_{\ell m}$ mit den Eigenwerten $\lambda_{\ell m}=-(\ell+m)(\ell+m+2)$.

Der Nutzen des obigen Theorems besteht darin, dass in Kapitel 4 mithilfe dieses Differentialoperators modale Filter auf Basis der PKD-Polynome konstruiert werden können, die zur Dämpfung der in der Nähe von Unstetigkeiten enstehenden Oszillationen genutzt werden. Die Dämpfungseigenschaft des Operators $\mathcal{L}_{r,s}$ wird unter anderem in [51] bewiesen.

2.3.2 Zweidimensionale Basispolynome

Da wir uns in dieser Arbeit auf zwei Raumdimensionen beschränken, gibt es neben der üblichen eindimensionalen Rekonstruktion mit Polynomen $P : \mathcal{D} \subseteq \mathbb{R}^2 \to \mathbb{R}$ auch noch die Möglichkeit, zweidimensionale Basisfunktionen für den Fluss zu wählen, das heißt Polynome $\mathcal{P} : \mathcal{D} \subseteq \mathbb{R}^2 \to \mathbb{R}^2$. Dies liefert (für $m = 1$) die Rekonstruktion

$$\mathcal{F}\left(u(\boldsymbol{x}, t)\right) = \sum_{k \in K} \hat{F}_k(t) \mathcal{P}_k(\boldsymbol{x})$$

mit skalaren Koeffizienten $\hat{F}_k(t)$ und $\{\mathcal{P}_k \,|\, k \in K\}$ einer orthogonalen Basis von $\mathcal{D} \subseteq \mathbb{R}^2$. Folgender Polynomraum ist insbesondere in der Finite-Elemente-Methode gebräuchlich [7].

Definition 2.3.9. Der **Raviart-Thomas-Polynomraum** zum Raum $\mathbb{P}_n$ der Polynome vom Grad höchstens n ist definiert als

$$RT_n := [\mathbb{P}_n]^2 + \begin{pmatrix} x \\ y \end{pmatrix} \mathbb{P}_n. \tag{2.3.14}$$

Die Anzahl der Basiselemente dieses Raumes ist

$$n_{\mathrm{RT}} = (n+1)(n+3).$$

Beispiel 2.3.10. Für $n = 1$ und die Monombasis $\{1, x, y\}$ folgt $n = 8$ und

$$RT_n = \operatorname{span}\left\{ \begin{pmatrix} 1 \\ 0 \end{pmatrix}, \begin{pmatrix} x \\ 0 \end{pmatrix}, \begin{pmatrix} y \\ 0 \end{pmatrix}, \begin{pmatrix} 0 \\ 1 \end{pmatrix}, \begin{pmatrix} 0 \\ x \end{pmatrix}, \begin{pmatrix} 0 \\ y \end{pmatrix}, \begin{pmatrix} x^2 \\ yx \end{pmatrix}, \begin{pmatrix} xy \\ y^2 \end{pmatrix} \right\}.$$

Diese Basis werden wir später im Kontext einer modifizierten Spektrale-Differenzen-Methode benötigten.

2.3.3 Polynominterpolation auf Dreiecken

Wir kommen zurück zum Anfang dieses Kapitels und beschäftigen uns mit der Frage nach geeigneten Interpolationspunkten $\boldsymbol{x}_j$. Dieses Problem ist nicht nur bei der Konstruktion der Lagrange-Polynome vorhanden, sondern in variierter Form auch bei jeder Fragestellung, in der Daten an bestimmten Stützstellen vorgegeben werden um Polynomkoeffizienten in einer bestimmten Basis zu berechnen.

Beispiel 2.3.11. Wir nehmen die PKD-Polynome ϕ_ℓ vom Grad höchsten n, das heißt wir haben die Basis $\{\phi_1, \ldots, \phi_N\}$ mit $N = \frac{1}{2}(n+1)(n+2)$. Aus N gegebenen Datensätzen $u(\boldsymbol{x}_j)$ an Punkten $\boldsymbol{x}_j \in \mathbb{T}^2$ soll nun die Funktion u mihilfe der PKD-Polynome rekonstruiert werden. Gesucht sind also die Koeffizienten $\hat{u}_\ell$, $\ell = 1, \ldots, N$, so dass

$$\sum_{\ell=1}^{N} \hat{u}_\ell \phi_\ell(\boldsymbol{x}_j) = u(\boldsymbol{x}_j)$$

für alle $j = 1, \ldots, N$ gilt. In Matrixschreibweise erhalten wir

$$\underbrace{\begin{pmatrix} \phi_1(\boldsymbol{x}_1) & \phi_2(\boldsymbol{x}_1) & \cdots & \phi_N(\boldsymbol{x}_1) \\ \vdots & \vdots & \ddots & \vdots \\ \phi_1(\boldsymbol{x}_N) & \phi_2(\boldsymbol{x}_N) & \cdots & \phi_N(\boldsymbol{x}_N) \end{pmatrix}}_{=\boldsymbol{V}} \begin{pmatrix} \hat{u}_1 \\ \vdots \\ \hat{u}_N \end{pmatrix} = \begin{pmatrix} u(\boldsymbol{x}_1) \\ \vdots \\ u(\boldsymbol{x}_N) \end{pmatrix}.$$

Damit dieses Gleichungssystem lösbar ist, muss die Matrix $\boldsymbol{V}$, die wieder eine Vandermonde'sche Matrix darstellt, regulär sein.

In einer Raumdimension ist wohlbekannt, dass äquidistante Punkte bei der Lagrange-Interpolation das Runge-Phänomen verursachen, bei dem immer stärkere Oszillationen am Rand des Interpolationsgebietes auftreten. Abhilfe schaffen hier nicht-äquidistant verteilte Stützstellen wie Gauß-Legendre- oder Gauß-Lobatto-Punkte, wobei letztere die Randpunkte des Intervalls enthalten. Ein Gütekriterium für Interpolationspunkte ist die **Lebesgue-Konstante**, die für einen Definitionsbereich $\mathcal{D}$ und Lagrange-Polynome L_i, $i = 1, \ldots, N$ definiert ist als

$$\Lambda_N = \max_{x \in \mathcal{D}} \sum_{i=1}^{N} |L_i(x)|$$

und möglichst klein sein soll. Bei der Suche nach guten Interpolationspunkten auf dem Standarddreieck beschränken wir uns aus in Abschnitt 2.1 erläuterten Gründen auf Verteilungen, die an den Kanten des Dreiecks genau den Gauß-Lobatto-Stützstellen entsprechen. Bekannte Kandidaten sind zum einen Fekete-Punkte, die aus der Maximierung der Determinante der Vandermond'schen Matrix hervorgehen und zum Beispiel in [67] beschrieben sowie (approximativ) tabelliert sind, sowie elektrostatische Punkte nach Hesthaven [26], die aus einem Minimierungsproblem elektrostatischer Potentiale entstehen. Weitere Interpolationspunkte sind die von Warburton [75] entwickelten warp-and-blend-Punkte. Alle drei Mengen sind aber relativ aufwändig zu berechnen, so dass wir einer zweidimensionalen Erweiterung der Gauß-Lobatto-Punkte von Blyth und Pozrikidis [6, 5] folgen, sie aber gleich auf dem Dreieck $\mathbb{T}^2$ definieren.

Definition 2.3.12. Sei $n \in \mathbb{N}$ und $\{\nu_0, \ldots, \nu_n\}$ Lobatto-Punkte auf $[-1, 1]$. Dann sind $\frac{1}{2}(n+1)(n+2)$ **2D-Lobatto-Punkte** auf $\mathbb{T}^2$ definiert durch die Koordinaten

$$r_i = \frac{1}{3}(2 + 2\nu_i - \nu_j - \nu_k) - 1, \quad s_j = \frac{1}{3}(2 + 2\nu_j - \nu_i - \nu_k) - 1$$

mit $i = 0, 1, \ldots, n$, $j = 0, 1, \ldots, n+1-i$ und $k = n - i - j$.

Ein Beispiel für 2D-Lobatto-Punkte für $n = 5$ findet sich in Abbildung 2.11. Die Lebesgue-Konstante der 2D-Lobatto-Punkte ist durchaus vergleichbar mit der der Fekete-Punkte. Ein Vergleich mit drei geläufigen Interpolationspunkten (Fekete, Hesthaven, warp-and-blend) ist in Tabelle 2.3 zu finden. Der geometrische Ansatz erschließt sich aus Abbildung 2.12: Um ein Polynom vom Grad n zu interpolieren, werden auf jede Kante des Dreiecks $n+1$ Gauß-Lobatto-Punkte (also insgesamt $3n$ Punkte) gesetzt und mit je einem Punkt auf den übrigen Kanten verbunden. In die Schwerpunkte der daraus entstehenden Dreiecke werden die verbliebenen $\frac{1}{2}(n+1)(n+2) - 3n = \frac{1}{2}(n-1)(n-2)$ Punkte

als innere Punkte gesetzt. Daraus resultiert eine rotationssymmetrische Verteilung, die der der Fekete-Punkte relativ nahe kommt (vergleiche [6], Abbildung 8), aber aufgrund der expliziten Definition wesentlich einfacher zu implementieren ist.
Somit sind diese Punkte insbesondere als Interpolationspunkte zur Basis der Lagrange- oder PKD-Polynome geeignet, die in Kapitel 3 benötigt werden.

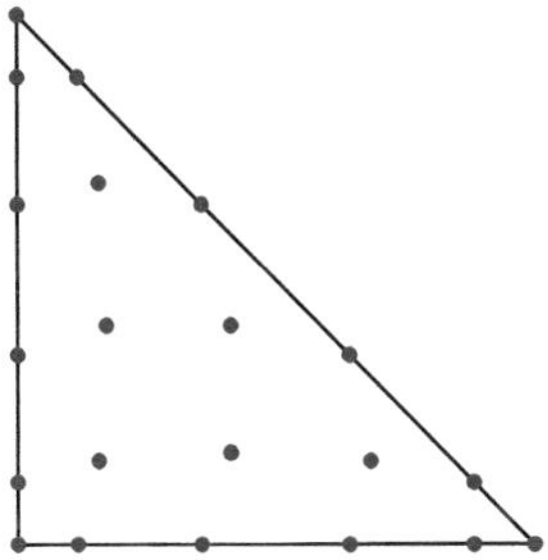

Abbildung 2.11 2D-Lobatto-Punkte für $n = 5$.

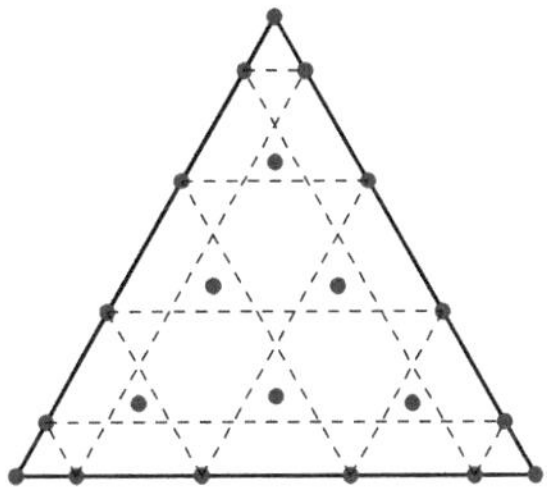

Abbildung 2.12 Geometrische Motivation.

n	Lebesgue-Konstante			
	Fekete	Hesthaven	warp-and-blend	2D Lobatto
3	2.11	2.11	2.11	2.11
6	4.17	4.08	3.70	3.87
9	6.80	6.87	5.74	7.39

Tabelle 2.3 Lebesgue-Konstante unterschiedlicher Interpolationspunkte, aus [6, 75].

3 Die Spektrale-Differenzen-Methode

Die Spektrale-Differenzen-Methode (SD-Methode, SDM) wurde unter diesem Namen erstmals von Wang und Liu [74] beziehungsweise Liu et al. [38] vorgestellt, für Euler-Gleichungen [39, 70] sowie Navier-Stokes-Gleichungen [59] erweitert und von May et al. [44] aufgegriffen. In dieser vorgestellten Form kann die SDM als nodal, lokal, diskontinuierlich und pseudospektral beschrieben werden. Da die Gradienten durch Werte an Stützstellen approximiert werden, weist die SDM starke Ähnlichkeiten zur Finite-Differenzen-Methode auf, ist aber im Gegensatz zu ihr nicht nur von den Gitterpunkten abhängig, sondern rekonstruiert in jedem Element ein Polynom an universellen Stützstellen. Der Name *Spektrale*-Differenzen-Methode rührt daher, dass exponentielle (*spektrale*) Konvergenzraten erreicht werden können [39].
Da die SDM auf der Rekonstruktion des Flusses $\mathcal{F}$ basiert, kann sie für quadratische Zellen auch als eine Art „Staggered Grid“ Methode (eingeführt von Kopriva et al. [34]) oder als Flussrekonstruktions-Ansatz (von Huynh [29]) angesehen werden. May zeigte außerdem in [43], dass die SDM auch als nodales DG-Verfahren aufgefasst werden kann, in dem der numerische Fluss statt des analytischen Flusses in der quadraturfreien Diskretisierung des Volumenintegrals genutzt wird. Zudem identifizierten Wang und Gao [72, 73] die SDM als einen Spezialfall der LCP[1]-Formulierung, die SD-, DG- und Spektrale-Volumen-Ansätze vereint.
In dieser Arbeit werden wir uns auf zwei Raumdimensionen und Triangulierungen des zugrunde liegenden Gebietes Ω beschränken, da sich Dreiecke einerseits einfach generieren und in ein Standardelement transformieren lassen, andererseits aber auch flexibel an unterschiedliche Geometrien angepasst werden können. Der Vorteil kartesischer Gitter ist zwar, dass sich zweidimensionale Basispolynome leicht mithilfe eines Tensorproduktansatzes aus eindimensionalen Polynomen bilden lassen, allerdings ist ein Einsatz auf komplexen Geometrien von Ω schwierig, so dass häufig auf Dreiecke zurückgegriffen wird. Beispiele der SDM auf kartesischen Gittern finden sich in [59, 53].
Wir stellen zunächst die klassische SDM vor und geben in Abschnitt 3.2 einen erweiterten Ansatz der SDM für verschiedene Polynombasen. Insbesondere wird die in Abschnitt 2.3 vorgestellte PKD-Basis zur Rekonstruktion genutzt, so dass die Koeffizienten später mit modalen Filtern, die genau auf diese Basis zugeschnitten sind (vergleiche Kapitel 4), bearbeitet werden können. In Abschnitt 3.3 gehen wir auf die genaue Bestimmung der Flüsse an den Rändern und die Laufzeiten der unterschiedlichen Varianten der SDM ein. Stabilitätsfragen werden in Abschnitt 3.4 behandelt und schließlich in 3.5 eine Erweiterung der SDM auf zweidimensionale Basisfunktionen betrachtet, wie sie auch von May et al. [46] vorgestellt wurde.
Die SDM wurde in dieser Arbeit mit expliziten Zeitschrittverfahren implementiert, ein impliziter Ansatz wurde in [60] erläutert.

[1] *lifting collocation penalty*

3.1 Klassischer Zugang

Die Idee der SDM besteht darin, die zugrunde liegende differentielle Form der Erhaltungsgleichung (2.2.1) an bestimmten Lösungspunkten $\boldsymbol{x}_j$ in jedem Zeitschritt t zu diskretisieren. Dazu wird zunächst das Gebiet Ω in kleinere Teilgebiete, sogenannte **Zellen** oder **Elemente**, zerlegt, wobei wir uns auf konforme Triangulierungen von Ω beschränken werden.

Definition 3.1.1. (a) Eine Menge $\mathcal{T}(\Omega) = \{\tau_i \,|\, 1 \le i \le N_\mathcal{T}\}$ bestehend aus Dreiecken τ_i heißt **Triangulierung** von $\Omega \subseteq \mathbb{R}^2$, falls gilt:

(i) $\Omega = \bigcup_{i=1}^{N_\mathcal{T}} \tau_i$ (ganz Ω ist erfasst),

(ii) $\mathring{\tau}_i \neq \emptyset$ und $\tau_i = \overline{\tau_i}$ für alle i (jedes Dreieck ist nichtleer und abgeschlossen),

(iii) $\mathring{\tau}_i \cap \mathring{\tau}_j = \emptyset$ für alle $i \neq j$ (das Innere der Dreiecke ist disjunkt zueinander).

(b) Eine Triangulierung $\mathcal{T}(\Omega)$ heißt **konform**, wenn für alle i jede Kante eines Dreiecks $\tau_i \in \mathcal{T}(\Omega)$ entweder Kante genau eines anderen Dreiecks $\tau_j \in \mathcal{T}(\Omega)$ oder Teilmenge des Randes $\partial\Omega$ ist.

Weiterhin wird ein ausgezeichnetes Element, das **Standarddreieck**, ausgewählt, das in der klassischen Formulierung dem Standarddreieck

$$\mathbb{T} := \{(\xi, \eta) \,|\, 0 \le \xi, \eta \le 1, \xi + \eta \le 1\} \tag{3.1.1}$$

entspricht.

Bemerkung 3.1.2. Jedes Element $\tau_i \in \mathcal{T}(\Omega)$ kann auf ein Standarddreieck zurückgeführt werden. Seien dazu $\boldsymbol{x}_j^i = (x_j^i, y_j^i)$ die Koordinaten der drei Eckpunkte ($j = 0, 1, 2$) im Dreieck τ_i und $\boldsymbol{g}_l^i := \boldsymbol{x}_l^i - \boldsymbol{x}_0^i$, $l = 1, 2$, die Richtungsvektoren vom Punkt $\boldsymbol{x}_0^i$ nach $\boldsymbol{x}_1^i$ beziehungsweise $\boldsymbol{x}_2^i$. Dann lässt sich jeder Punkt im Dreieck τ_i darstellen als

$$\boldsymbol{x} = \boldsymbol{x}_0^i + \xi \boldsymbol{g}_1^i + \eta \boldsymbol{g}_2^i \tag{3.1.2}$$

mit $0 \le \xi, \eta \le 1$ und $\xi + \eta \le 1$, das heißt die Koordinaten $\boldsymbol{x} = (x, y)$ werden durch die Koordinaten (ξ, η) ausgedrückt. In Koordinatenschreibweise können wir obige Gleichung nach den universellen Koordinaten auflösen durch

$$\begin{pmatrix} \xi \\ \eta \end{pmatrix} = \begin{pmatrix} x_1^i - x_0^i & x_2^i - x_0^i \\ y_1^i - y_0^i & y_2^i - y_0^i \end{pmatrix}^{-1} \begin{pmatrix} x^i - x_0^i \\ y^i - y_0^i \end{pmatrix}.$$

Bezeichnen wir mit V^i den Flächeninhalt des Dreiecks τ_i, dann erhalten wir mit

$$(x_1^i - x_0^i)(y_2^i - y_0^i) - (y_1^i - y_0^i)(x_2^i - x_0^i) = \left| \begin{pmatrix} x_1^i - x_0^i \\ y_1^i - y_0^i \\ 0 \end{pmatrix} \times \begin{pmatrix} x_2^i - x_0^i \\ y_2^i - y_0^i \\ 0 \end{pmatrix} \right| = 2V^i$$

schließlich

$$\begin{pmatrix} \xi \\ \eta \end{pmatrix} = \frac{1}{2V^i} \begin{pmatrix} y_2^i - y_0^i & -x_2^i + x_0^i \\ -y_1^i + y_0^i & x_1^i - x_0^i \end{pmatrix} \begin{pmatrix} x^i - x_0^i \\ y^i - y_0^i \end{pmatrix}, \tag{3.1.3}$$

also eine Abbildung $\Lambda_i : \tau_i \to \mathbb{T}$ definiert durch Gleichung (3.1.3) (vergleiche Abbildung 3.1).

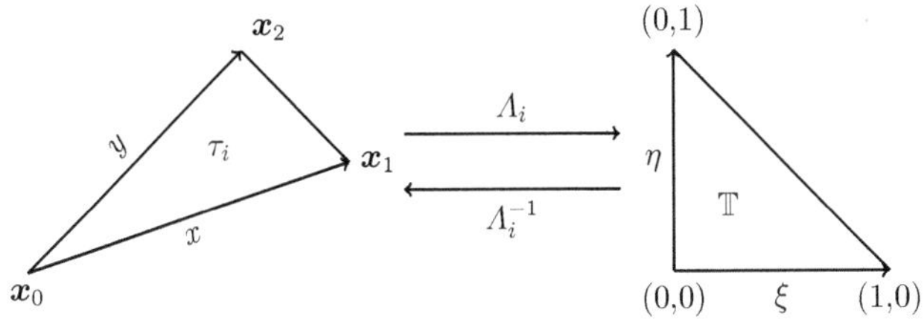

Abbildung 3.1 Transformation auf das Standardelement.

Sei zunächst eine einzelne Erhaltungsgleichung, also $m = 1$, gegeben. Ein wesentliches Merkmal der SDM ist die Rekonstruktion des Flusses $\mathcal{F}$ in jeder Zelle τ_i und jeder seiner zwei Komponenten zur Zeit t. Dafür wählen wir $N_{\mathcal{F}}$ **Flusspunkte** $\boldsymbol{x}_k$, das heißt Punkte an denen der Wert des Flusses berechnet wird, und bestimmen die zugehörigen Lagrange-Polynome L_k. Somit kann der Fluss $\mathcal{F}$ dargestellt werden als

$$\mathcal{F}\left(u(\boldsymbol{x},t)\right) =: \begin{pmatrix} F_1(\boldsymbol{x},t) \\ F_2(\boldsymbol{x},t) \end{pmatrix} = \sum_{k=1}^{N_{\mathcal{F}}} \begin{pmatrix} F_{k,1}(t) \\ F_{k,2}(t) \end{pmatrix} L_k(\boldsymbol{x}), \tag{3.1.4}$$

wobei $F_{k,i}(t) = F_i(\boldsymbol{x}_k, t)$ für $i = 1,2$ die Werte der i-ten Komponente des Flusses $\mathcal{F}$ an den Flusspunkten $\boldsymbol{x}_k$ sind. Die Frage nach der Verteilung der Flusspunkte lassen wir zunächst außen vor und behandeln sie in den Abschnitten 3.1.1 und 3.1.2.
Einsetzen der Gleichung (3.1.4) in die Erhaltungsgleichung (2.2.1) liefert aufgrund der Linearität des Nabla-Operators

$$u_t(\boldsymbol{x},t) = -\sum_{k=1}^{N_{\mathcal{F}}} \begin{pmatrix} F_{k,1}(t) \\ F_{k,2}(t) \end{pmatrix} \cdot \nabla L_k(\boldsymbol{x}). \tag{3.1.5}$$

Nun können wir Bemerkung 3.1.2 ausnutzen und den Gradienten $\nabla L_k(\boldsymbol{x})$ in $\mathbb{T}$ berechnen, denn die Kettenregel liefert direkt

$$\nabla L_k(\boldsymbol{x}) = \nabla_{\boldsymbol{x}} L_k(\boldsymbol{x}) = \mathcal{J}\Lambda_i \cdot \nabla_{\boldsymbol{\xi}} L_k(\xi,\eta),$$

wobei die konstante Matrix $\mathcal{J}\Lambda_i$ durch

$$\mathcal{J}\Lambda_i = \begin{pmatrix} \xi_x & \xi_y \\ \eta_x & \eta_y \end{pmatrix} \overset{(3.1.3)}{=} \frac{1}{2V^i} \begin{pmatrix} y_2^i - y_0^i & -x_2^i + x_0^i \\ -y_1^i + y_0^i & x_1^i - x_0^i \end{pmatrix} \tag{3.1.6}$$

gegeben ist. Somit müssen nur die Ableitungen der Polynome L_k bezüglich des Standardelements sowie pro Dreieck τ_i die Jacobi-Matrix $\mathcal{J}\Lambda_i$ gespeichert werden, wobei letztere genau der Matrix bestehend aus den inneren Normalenvektoren an $\boldsymbol{g}_1^i$ und $\boldsymbol{g}_2^i$ entspricht. Dies führt auf das **universelle Aktualisierungsschema**

$$u_t(\boldsymbol{x},t) = -\sum_{k=1}^{N_{\mathcal{F}}} \begin{pmatrix} F_{k,1}(t) \\ F_{k,2}(t) \end{pmatrix} \cdot \mathcal{J}\Lambda_i \cdot \nabla_{\boldsymbol{\xi}} L_k(\Lambda_i(\boldsymbol{x})). \tag{3.1.7}$$

Dabei werden die Werte der Flüsse gegebenenfalls noch geändert, um eine Kopplung der einzelnen Zellen miteinander zu erzielen (siehe Abschnitt 3.1.1). Die zeitliche Aktualisierung der Gleichung (3.1.7) wird an N_u Lösungspunkten $\boldsymbol{x}_j$ durchgeführt. Diese lassen sich eindeutig durch Punkte $\boldsymbol{\xi}_j = (\xi_j, \eta_j) = \Lambda_i(\boldsymbol{x}_j)$ im Referenzdreieck $\mathbb{T}$ identifizieren, so dass die Gradienten der Lagrange-Polynome nur für die $\boldsymbol{\xi}_j$ berechnet und gespeichert werden müssen. Analog können die Koordinaten der Flusspunkte ebenfalls einmalig im Referenzelement festgelegt und mit der Transformation Λ_i auf die einzelnen τ_i transformiert werden, wobei die Werte an den Flusspunkten weiterhin in jedem Dreieck berechnet werden müssen. Falls die Flusspunkte $\boldsymbol{\xi}_k$ nicht mit den Lösungspunkten $\boldsymbol{\xi}_j$ übereinstimmen[2] ist zu beachten, dass u dann an den Flusspunkten durch

$$u(\boldsymbol{x}_k, t) = \sum_{j=1}^{N_u} u_j(t) L_j(\boldsymbol{x}_k) = \sum_{j=1}^{N_u} u_j(t) L_j(\boldsymbol{\xi}_k)$$

rekonstruiert werden muss, wobei hier wieder $u_j = u(\boldsymbol{x}_j, t)$ ist. Schließlich kann ein geeignetes Zeitintegrationsverfahren wie ein Runge-Kutta-Verfahren genutzt werden, um die resultierende gewöhnliche Differentialgleichung

$$u_t(\boldsymbol{x}_j, t) = -\sum_{k=1}^{N_{\mathcal{F}}} \begin{pmatrix} F_{k,1}(t) \\ F_{k,2}(t) \end{pmatrix} \cdot \mathcal{J}\Lambda_i \cdot \nabla_{\boldsymbol{\xi}} L_k(\Lambda_i(\boldsymbol{x}_j)). \tag{3.1.8}$$

in t zu lösen.

Im Fall eines Systems wird die Flussrekonstruktion und Aktualisierung komponentenweise für jede Erhaltungsvariable durchgeführt, die Flüsse (und spätere Normalkomponenten) aber im ganzen System berechnet.

3.1.1 Konservativität und numerische Flussfunktionen

Eine wichtige Eigenschaft von Erhaltungsgleichungen ist die **Konservativität**, das heißt die Erhaltung von bestimmten Größen wie zum Beispiel Masse, Impuls oder Energie. Dies sollte auch durch das numerische Verfahren nicht verletzt werden, so dass die Untersuchung der Konservativitätseigenschaft einer numerischen Methode ein wichtiges Gütekriterium darstellt. Wir untersuchen zunächst die lokale Erhaltung der SDM innerhalb einer Zelle τ_i der Triangulierung $\mathcal{T}$. Hierbei muss der Integralerhaltungssatz

$$\int_{\tau_i} \frac{\partial}{\partial t} u(\boldsymbol{x}, t)\,\mathrm{d}\boldsymbol{x} = -\int_{\partial\tau_i} \mathcal{F}(u(\boldsymbol{x}, t)) \cdot \boldsymbol{n}\,\mathrm{d}s$$

numerisch erfüllt werden, wobei $\boldsymbol{n}$ der nach außen zeigende Normalenvektor an den Rand $\partial\tau_i$ der Zelle V_i ist.

Lemma 3.1.3. *Seien $N_u, N_{\mathcal{F}} \in \mathbb{N}$, $\{\boldsymbol{x}_k \mid 1 \leq k \leq N_{\mathcal{F}}\}$ die Menge der Flusspunkte und $\{\boldsymbol{x}_j \mid 1 \leq j \leq N_u\}$ die Menge der Lösungspunkte. Liegen die Flusspunkte auf Interpolationspunkten für ein Polynom $(n+1)$-ten Grades und die Lösungspunkte auf Quadraturpunkten für ein Volumenintegral n-ter Ordnung, dann ist die Spektrale-Differenzen-Formulierung aus Gleichung* (3.1.7) *lokal konservativ.*

[2]Wir bleiben an dieser Stelle bei der in der Literatur üblichen Nomenklatur und unterscheiden die Fluss- und Lösungpunkte nur durch den jeweiligen Index k beziehungsweise j.

Dieses Lemma beweisen wir in allgemeiner Form in Abschnitt 3.2.3.

Um nun auch globale Konservativität zu erhalten, betrachten wir zwei an der Kante k benachbarte Zellen mit den jeweiligen Flüssen $\mathcal{F}_L$ in der linken und $\mathcal{F}_R$ in der rechten Zelle, sowie einem Normalenvektor $\boldsymbol{n}$ an der Kante k. In diesem Zusammenhang fordern wir

$$\int_k \mathcal{F}_L \cdot \boldsymbol{n}\, \mathrm{d}s = \int_k \mathcal{F}_R \cdot \boldsymbol{n}\, \mathrm{d}s,$$

das heißt der Fluss in Normalenrichtung zweier benachbarter Zellen ist gleich. Da $\mathcal{F} \in [\mathbb{P}_{n+1}]^2$, ist dies äquivalent zu

$$\sum_i \alpha_i \mathcal{F}_L(\boldsymbol{x}_i) \cdot \boldsymbol{n} = \sum_i \alpha_i \mathcal{F}_R(\boldsymbol{x}_i) \cdot \boldsymbol{n} \tag{3.1.9}$$

für Stützstellen $\boldsymbol{x}_i$ und Gewichte α_i, die eine exakte Quadratur bis zum Polynomgrad $n+1$ liefern. Daraus folgt direkt das nächste Lemma.

Lemma 3.1.4. *Liegen auf jeder Kante eines Dreiecks mindestens n Flusspunkte auf Quadraturpunkten für das eindimensionale Volumeninteral entlang dieser Kante und erfüllen Gleichung* (3.1.9), *dann ist die Spektrale-Differenzen-Methode global konservativ.*

Um das an den Grenzen entstehende Riemann-Problem zu lösen, werden üblicherweise numerische Flussfunktionen verwendet, die bestimmte Eigenschaften aufweisen.

Definition 3.1.5. Sei $m \in \mathbb{N}$, $D \subseteq \mathbb{R}^m$, $\mathbb{S}^1 := \{\boldsymbol{n} \in \mathbb{R}^2 |\, \|\boldsymbol{n}\| = 1\}$ und $H : D^2 \times \mathbb{S}^1 \to \mathbb{R}$. Die Abbildung H heißt **numerische Flussfunktion** zu einer gegebenen Erhaltungsgleichung $\boldsymbol{u}_t + \nabla \cdot \mathcal{F}(\boldsymbol{u}) = 0$, wenn sie folgende Eigenschaften erfüllt:

(a) H ist Lipschitzstetig in den ersten beiden Argumenten.

(b) Für $u \in D$ gilt $H(\boldsymbol{u}, \boldsymbol{u}, \boldsymbol{n}) = \mathcal{F}(\boldsymbol{u}) \cdot \boldsymbol{n}$ (Konsistenz).

(c) Für $\boldsymbol{u}_l, \boldsymbol{u}_r \in D$ ist $H(\boldsymbol{u}_l, \boldsymbol{u}_r, \boldsymbol{n}) = -H(\boldsymbol{u}_l, \boldsymbol{u}_r, -\boldsymbol{n})$ (Konservativität).

Aus den Eigenschaften folgt sofort, dass eine konsistente numerische Flussfunktion Gleichung (3.1.9) erfüllt.
Die Wahl einer geeigneten numerischen Flussfunktion ist ein eigenständiges Forschungsgebiet und wird hier lediglich kurz angesprochen. Eine ausführliche Abhandlung dieses Gebietes stellen unter anderem die Werke [68, 35] dar. Das nächste Beispiel zeigt einen in den numerischen Testfällen genutzten numerischen Fluss, der dem tatsächlichen Fluss in der zugrunde liegenden Erhaltungsgleichung entspricht, also *exakt* ist.

Beispiel 3.1.6. Es sei die skalare Transportgleichung $u_t + \boldsymbol{b} \cdot \nabla (u, u)^T = 0$ mit $\boldsymbol{b} \in \mathbb{R}^2$ gegeben. Der **Upwind-Fluss** H ist definiert als

$$H(u_l, u_r, \boldsymbol{n}) = \begin{cases} (u_l, u_l)^T \cdot \boldsymbol{n}, & \text{falls } \boldsymbol{n} \cdot \boldsymbol{b} > 0, \\ (u_r, u_r)^T \cdot \boldsymbol{n}, & \text{sonst.} \end{cases}$$

Bei der SDM wird, im Gegensatz zum Finite-Volumen- oder DG-Verfahren, der ganze Fluss $\mathcal{F}$ und nicht nur die Normalkomponente $\mathcal{F} \cdot \boldsymbol{n}$ verwendet. Somit legt die für die Konservativität benötigte Forderung (3.1.9) am Rand der Dreiecke den Flussvektor noch nicht eindeutig fest. Daher muss eine zweite Bedingung festgesetzt werden, deren Wahl in Abschnitt 3.3.1 ausführlich behandelt wird. Schließlich kann so für jeden Punkt $\boldsymbol{x}_k$ am Dreiecksrand ein numerischer Fluss $\mathcal{F}^{\text{num}}$ bestimmt werden, der den tatsächlichen Fluss $\mathcal{F}\left(\boldsymbol{u}(\boldsymbol{x}_k, t)\right) = \left(F_{k,1}(t), F_{k,2}(t)\right)^T$ im Aktualisierungsschema (3.1.7) ersetzt.

3.1.2 Wahl der Fluss- und Lösungspunkte

Für die in Lemma 3.1.4 gesuchten Quadraturpunkte fehlen noch geeignete Koordinaten, die schließlich zu einem konservativen SD-Verfahren hoher Ordnung führen sollen.

Um ein numerisches Verfahren der Ordnung $n+1$ zu erhalten, muss die SDM exakt für $u \in \mathbb{P}_n$ sein. Da nach Gleichung (3.1.7) die Aktualisierung von u mithilfe der Ableitungen des Flusses bewerkstelligt wird, muss folglich $\mathcal{F} \in [\mathbb{P}_{n+1}]^2$ gelten, also $\frac{1}{2}(n+2)(n+3)$ Basispolynome zur Rekonstruktion von $\mathcal{F}$ in jeder Komponenten genutzt werden. Weiterhin muss die Lage der Flusspunkte am Rand eines Dreiecks aus Gründen der Konservativität, vergleiche Abschnitt 3.1.1, einer Quadraturformel der Ordnung $n+1$ entsprechen. Mögliche Punktverteilungen sind unter anderem die üblichen Gauß-Legendre- oder Gauß-Lobatto-Quadraturen, die bei n festgelegten Punkten exakte Ergebnisse für Polynome vom Grad $2n-1$ beziehungsweise $2n-3$ liefern. Im Fall der Lagrange-Polynome müssen somit geeignete Flusspunkte $\boldsymbol{x}_k$ gewählt werden, um die dazugehörigen Lagrange-Polynome L_k zu bestimmen. Das nachfolgende Beispiel erläutert die von uns genutzten Interpolationspunkte.

Beispiel 3.1.7. Die Lagrange-Polynome L_k zur Punktmenge $\{\boldsymbol{x}_k = (x_k, y_k) \,|\, 1 \leq k \leq N\}$ können mit dem Interpolationsansatz aus Gleichung (2.3.2),

$$\boldsymbol{V} \cdot \boldsymbol{a} = \left(x_k^\ell y_k^m\right)_{k,(\ell,m)} \cdot \left(a_k\right)_k = \left(\delta_{jk}\right)_j, \tag{3.1.10}$$

bestimmt werden. Dazu muss obige Vandermonde'sche Matrix $\boldsymbol{V}$ regulär und gut konditioniert sein, um ein zufriedenstellendes Ergebnis zu erhalten. In dieser Arbeit wurden hauptsächlich die in Abschnitt 2.3.3 vorgestellten 2D-Lobatto-Punkte als Interpolationspunkte genutzt. Die Konditionszahlen der daraus resultierenden Vandermonde'schen Matrix, die erwartungsgemäß hoch sind, finden sich in Tabelle 3.1.

N	1	2	3	4	5	6	7	8	9	10	11
κ_N	9	24	270	2023	10^4	10^5	$7 \cdot 10^5$	$5 \cdot 10^6$	$3 \cdot 10^7$	$2 \cdot 10^8$	$2 \cdot 10^9$

Tabelle 3.1 Konditionszahl der Lagrange Vandermonde Matrix (ab $N = 5$ gerundet).

Ein kleiner Nachteil der 2D-Lobatto-Punkte ist die Nutzung der Ecken, da dort der numerische Fluss nicht gleich im Nachbardreieck mitgesetzt werden kann, sondern jeweils einzeln mit zwei Aufrufen des Riemann-Lösers bestimmt werden muss (die genaue

Implementierung findet sich im Abschnitt 3.3). An Punkten auf einer Kante hingegen reicht ein Aufruf des Riemann-Lösers. Zudem kann der Nachbarwert gleich mitgesetzt werden, was die Anzahl der Operationen verringert. Wenn die Ecken nicht einbezogen werden sollen und n Gauss-Legendre-Quadraturpunkte auf jeder Kante gewählt werden, bleibt die Frage nach der Verteilung der inneren Punkte. Liu et al. [39] und May et al. [44] nutzten Quadraturpunkte für das Volumenintegral bis zur vierten Ordnung, die jedoch nicht offensichtlich auf höhere Ordnungen erweitert werden können. Die Konditionszahlen für diese Punkte und die später genutzten Vandermonde'schen Matrizen zur PKD-Basis entsprechen weitestgehend denen der 2D-Lobatto-Punkte (siehe Abschnitt 3.2.2).

3.2 Erweiterung mit eindimensionalen (PKD-) Basispolynomen

Wir wollen die SDM nun für allgemeine Polynombasen erweitern. Dabei soll zum einen untersucht werden, ob sich die Konvergenzeigenschaften der Methode verbessern lassen, und zum anderen die Nutzung von auf die Polynome abgestimmten Filtern ermöglicht werden. Diese in Kapitel 4 beschriebenen Filter können wir dann zur Abschwächung der entstehenden Oszillationen des Verfahrens in der Nähe von Unstetigkeiten nutzen.

Seien also $T \subset \mathbb{R}^2$ ein dreieckiges Gebiet und $K \subseteq \mathbb{N}$ eine geeignete Indexmenge, so dass $\{\Phi_k : T \to \mathbb{R} \mid k \in K\}$ eine orthogonale Basis von $\mathbb{P}_{n+1}(T)$ ist. Wir betrachten nun die Flussrekonstruktion der Form

$$\mathcal{F}\left(u(\boldsymbol{x},t)\right) = \begin{pmatrix} F_1(\boldsymbol{x},t) \\ F_2(\boldsymbol{x},t) \end{pmatrix} = \sum_{k\in K} \begin{pmatrix} \hat{F}_{k,1}(t) \\ \hat{F}_{k,2}(t) \end{pmatrix} \Phi_k(\boldsymbol{x}) \tag{3.2.1}$$

statt (3.1.4). Mit diesem Ansatz ändern sich im Diskretisierungsschema (3.1.7)

- die Transformationsabbildung Λ_i und somit die Matrix $\mathcal{J}\Lambda_i$,
- die Basisvektoren ξ, η als Referenzableitungsrichtungen,
- die Koeffizienten $\hat{F}_{k,i}(t)$, $i = 1, 2$.

Die ersten beiden Punkte verändern das Schema nicht wesentlich, während die Berechnung der gesuchten Koeffizienten $\hat{F}_{k,i}(t)$ in den Abschnitten 3.2.1 und 3.2.2 erläutert wird. Für die Wahl der in Abschnitt 2.3.1 vorgestellten PKD-Polynome ϕ_k müssen wir also die Koordinatentransformation

$$\widetilde{\Lambda}_i : \tau_i \to \mathbb{T}^2,$$

mit den Basisvektoren $r = (2,0)^T$ und $s = (0,2)^T$ betrachten und erhalten direkt aus der Definition $\mathcal{J}\widetilde{\Lambda}_i = 2\mathcal{J}\Lambda_i$. Weiterhin ist $K = \{1, \ldots, N_{\mathcal{F}}\}$ mi $N_{\mathcal{F}} = \frac{1}{2}(n+2)(n+3)$, so dass das universelle Aktualisierungsschema bezüglich der PDK-Polynome gegeben ist durch

$$
\begin{aligned}
u_t(\boldsymbol{x}_j, t) &= -\sum_{k=1}^{N_{\mathcal{F}}} \begin{pmatrix} \hat{F}_{k,1}(t) \\ \hat{F}_{k,2}(t) \end{pmatrix} \cdot \mathcal{J}\widetilde{\Lambda}_i \cdot \nabla_{\boldsymbol{r}}\, \phi_k\left(\widetilde{\Lambda}_i(\boldsymbol{x}_j)\right) \\
&= -\sum_{k=1}^{N_{\mathcal{F}}} \Big(\hat{F}_{k,1}(t)\big(\partial_r \phi_k(\boldsymbol{r}_j) r_x + \partial_s \phi_k(\boldsymbol{r}_j) s_x\big) \\
&\qquad + \hat{F}_{k,2}(t)\big(\partial_r \phi_k(\boldsymbol{r}_j) r_y + \partial_s \phi_k(\boldsymbol{r}_j) s_y\big)\Big). \qquad (3.2.2)
\end{aligned}
$$

Im Fall eines Systems wird die Aktualisierung komponentenweise durchgeführt.

3.2.1 Projektionsansatz

Der vielleicht erste Ansatz zur Berechnung der Koeffizienten könnte die Projektion auf den gewählten Basisraum der orthogonalen Polynome mithilfe des zugrundeliegenden Skalarprodukts sein, das heißt im Falle der PKD-Polynome unter Verwendung von Gleichung (2.3.8)

$$
\hat{F}_{k,i}(t) = \frac{1}{\|\phi_k\|^2}\langle F_i(t), \phi_k\rangle = \frac{1}{\|\phi_k\|^2}\int_{\mathbb{T}^2} F_i(r,s,t)\phi_k(r,s)\,\mathrm{d}(r,s). \qquad (3.2.3)
$$

Da die Flusskomponenten F_i nicht global bekannt sind, wird eine numerische Quadraturformel zur Auswertung des Integrals benötigt. Um ein Verfahren der Ordnung n zu erhalten, muss es für $u \in \mathbb{P}_n$ und somit für $\mathcal{F} \in [\mathbb{P}_{n+1}]^2$ exakte Ergebnisse liefern. Dafür müssen die Basispolynome ϕ_k, mit denen jede Komponente von $\mathcal{F}$ rekonstruiert wird, aus $\mathbb{P}_{n+1}$ sein. Somit steht im Integranden in Gleichung (3.2.3) ein Polynom vom Grad maximal $2(n+1)$, so dass eine Quadraturformel dieser Ordnung auf dem Gebiet $\mathbb{T}^2$ benötigt wird. Idealerweise sollten hinreichend viele Quadraturpunkte auf jeder Kante des Dreiecks $\mathbb{T}^2$ liegen, da zur Sicherstellung der in Abschnitt 3.1.1 geforderten globalen Konservativität die Flusspunkte auf einer Kante eine Quadratur der Ordnung $n+1$ erfüllen müssen. Wird lediglich eine Quadraturformel mit Punkten im Inneren des Dreiecks gewählt, können die Ränder der einzelnen Dreiecke noch mit zusätzlichen Randbedingungen, die der globalen Konservativität entsprechen, versehen werden, was den Aufwand aber zusätzlich erhöhen würde. Einige geeignete Verteilungen mit hinreichend vielen Quadraturpunkten an den Kanten sind zum Beispiel zweidimensionale Gauß-Lobatto-Produktansätze oder die in [57] vorgestellten geschlossenen Newton-Cotes-Formeln. Letztere sind aufgrund der geringeren Stützstellenanzahl, wie in den Abbildungen 3.2 und 3.3 ersichtlich, effizienter. Während im abgebildeten Beispiel 31 Punkte für den Gauß-Lobatto-Produktansatz benötigt werden, reichen bei den geschlossenen Newton-Cotes-Formeln bereits 21 Stützstellen. Nachteil der Newton-Cotes-Punkte ist allerdings die fehlende Symmetrie, so dass wir in der vorliegenden Arbeit einen anderen Ansatz wählen.

3.2.2 Interpolationsansatz

Ausgehend von Gleichung (3.2.1) betrachten wir das Gleichungssystem

$$
\boldsymbol{F}_i = \boldsymbol{V} \cdot \hat{\boldsymbol{F}}_i, \qquad (3.2.4)
$$

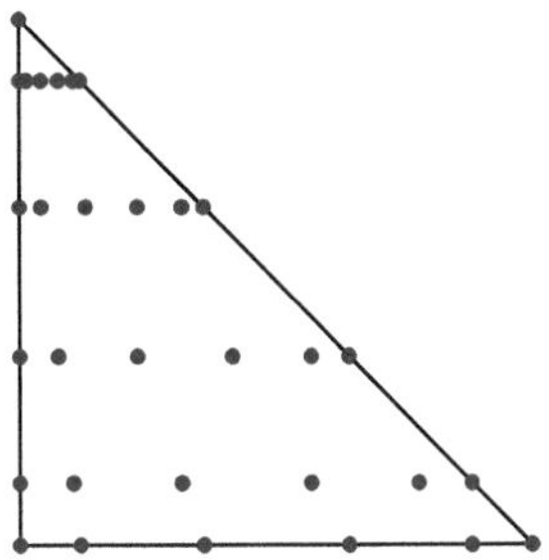

Abbildung 3.2 Gauß-Lobatto-Produkt, $n = 5$.

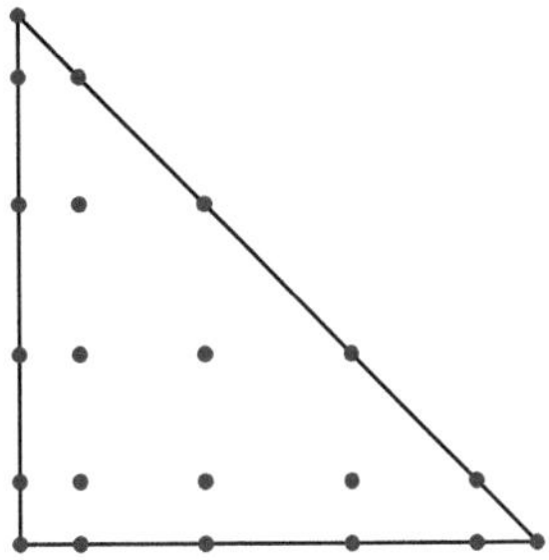

Abbildung 3.3 Geschlossene Newton-Cotes-Punkte, $n = 5$.

wobei $\boldsymbol{F}_i = \left(F_i(\boldsymbol{x}_j, t)\right)_j$, $\hat{\boldsymbol{F}}_i = \left((\hat{F}_{k,i}(t)\right)_k$ jeweils für $i = 1, 2$ und $\boldsymbol{V} = \left(\phi_k(\boldsymbol{x}_j)\right)_{k,j}$ die Vandermonde'sche Matrix zur Basis ϕ_k ist. Um dieses System eindeutig nach den Koeffizienten $\hat{\boldsymbol{F}}_i$ auflösen zu können, brauchen wir hinreichend viele Interpolationspunkte $\boldsymbol{x}_j$, die zu guten numerischen Eigenschaften (wie einer niedrigen Konditionszahl) der Matrix $\boldsymbol{V}$ führen. Insbesondere sollte die Anzahl der Interpolationspunkte der Anzahl der Basispolynome ϕ_k entsprechen, um eine quadratische Matrix mit vollem Rang zu erhalten. Dies führt uns wieder zu den in Abschnitt 2.3.3 vorgestellten zweidimensionalen Lobatto-Punkten. Die Konditionszahl der resultierenden Vandermonde'schen Matrix ist in Tabelle 3.2 zu finden und liefert sehr gute Werte. Ein Vergleich mit Tabelle 3.1 zeigt wie erwartet eine wesentlich bessere Konditionierung bei Verwendung der PKD-Basis.

n	1	2	3	4	5	6	7	8	9	10	11
κ_n	2.93	10.18	20.36	38.75	53.44	70.99	93.46	119	150	195	238

Tabelle 3.2 Konditionszahl der Vandermonde'schen Matrix zur PKD-Basis (Spaltensummennorm) für 2D-Lobatto-Punkte.

n	1	2	3
κ_n	2.93	6.21	25.03

Tabelle 3.3 Konditionszahl der Vandermonde'schen Matrix zur PKD-Basis (Spaltensummennorm) für Lösungspunkte aus Liu et al. [39] und May et al. [45].

3.2.3 Erhaltungseigenschaft

Die bereits in Abschnitt 3.1.1 erwähnte Konservativität der SDM kann unter bestimmten Umständen auch für die Wahl anderer orthogonaler Polynombasen bewiesen werden. Sei also T ein Referenzdreieck und $\{\Phi_k \,|\, 1 \leq k \leq N_{\mathcal{F}}\}$ eine auf T orthogonale Polynombasis. Ferner sei $\tau_i \in \mathcal{T}$ ein Dreieck der Triangulierung und $\boldsymbol{x}_j$ Quadraturpunkte mit Gewichten w_j, $1 \leq j \leq N_u$, auf τ_i. Weiterhin bilde die orientierungserhaltende affine Abbildung $\Lambda_i : \tau_i \to T$, $\boldsymbol{x} \to \boldsymbol{A}_i\boldsymbol{x} = \boldsymbol{r}$, ein Dreieck auf das Standarddreieck ab. Damit erhalten wir

$$
\begin{aligned}
&\int_{\tau_i} \frac{\partial u(\boldsymbol{x})}{\partial t}\,\mathrm{d}\boldsymbol{x} \\
&\overset{\text{Quadr.}}{=} \sum_{j=1}^{N_u} w_j u_t(\boldsymbol{x}_j) \\
&\overset{\text{Schema}}{=} \sum_{j=1}^{N_u} w_j \Bigg(-\sum_{k=1}^{N_{\mathcal{F}}} \Big(\hat{F}_{k,1}(t)\big(\partial_r \Phi_k(\boldsymbol{r}_j) r_x + \partial_s \Phi_k(\boldsymbol{r}_j) s_x\big) \\
&\qquad\qquad + \hat{F}_{k,2}(t)\big(\partial_r \Phi_k(\boldsymbol{r}_j) r_y + \partial_s \Phi_k(\boldsymbol{r}_j) s_y\big)\Big)\Bigg) \\
&\overset{\text{Kettenr.}}{=} -\sum_{j=1}^{N_u} w_j \left(\sum_{k=1}^{N_{\mathcal{F}}} \hat{F}_{k,1}(t)\partial_x \Phi_k\left(\Lambda_i(\boldsymbol{x}_j)\right) + \sum_{k=1}^{N_{\mathcal{F}}} \hat{F}_{k,2}(t)\partial_y \Phi_k\left(\Lambda_i(\boldsymbol{x}_j)\right) \right) \\
&= -\left(\sum_{k=1}^{N_{\mathcal{F}}} \hat{F}_{k,1}(t) \left(\sum_{j=1}^{N_u} w_j \partial_x \Phi_k\left(\Lambda_i(\boldsymbol{x}_j)\right) \right) + \sum_{k=1}^{N_{\mathcal{F}}} \hat{F}_{k,2}(t) \left(\sum_{j=1}^{N_u} w_j \partial_y \Phi_k\left(\Lambda_i(\boldsymbol{x}_j)\right) \right) \right).
\end{aligned}
$$

Da $\boldsymbol{x}_j$ Quadraturpunkte auf τ_i sind, folgt

$$
\begin{aligned}
&\int_{\tau_i} \frac{\partial u(\boldsymbol{x})}{\partial t}\,\mathrm{d}\boldsymbol{x} \\
&\overset{\text{Quadr.}}{=} -\left(\sum_{k=1}^{N_{\mathcal{F}}} \hat{F}_{k,1}(t) \int_T \partial_x \Phi_k\left(\Lambda_i(\boldsymbol{x})\right)\,\mathrm{d}\boldsymbol{x} + \sum_{k=1}^{N_{\mathcal{F}}} \hat{F}_{k,2}(t) \int_{\tau_i} \partial_y \Phi_k\left(\Lambda_i(\boldsymbol{x})\right)\,\mathrm{d}\boldsymbol{x} \right) \\
&\overset{\text{Skalarprod.}}{=} -\sum_{k=1}^{N_{\mathcal{F}}} \begin{pmatrix} \hat{F}_{k,1}(t) \\ \hat{F}_{k,2}(t) \end{pmatrix} \cdot \int_{\tau_i} \nabla_{\boldsymbol{x}} \Phi_k \circ \Lambda_i(\boldsymbol{x})\,\mathrm{d}\boldsymbol{x}.
\end{aligned}
$$

Jedes Dreieck τ_i ist ein Standardgebiet mit stückweise glattem Rand und die Verknüpfung $\Phi_k \circ \Lambda_i$ als auf das Dreieck τ_i transformierte Polynom stetig differenzierbar, so dass

$$
\int_{\tau_i} \nabla_{\boldsymbol{x}} \Phi_k \circ \Lambda_i(\boldsymbol{x})\,\mathrm{d}\boldsymbol{x} = \int_{\partial\tau_i} \Phi_k \circ \Lambda_i(\boldsymbol{x}) \boldsymbol{n}\,\mathrm{d}s. \tag{3.2.5}
$$

Damit folgt schließlich

$$
\begin{aligned}
&\int_{\tau_i} \frac{\partial u(\boldsymbol{x})}{\partial t}\,\mathrm{d}\boldsymbol{x} \\
&\overset{(3.2.5)}{=} -\sum_{k=1}^{N_{\mathcal{F}}} \begin{pmatrix} \hat{F}_{k,1}(t) \\ \hat{F}_{k,2}(t) \end{pmatrix} \cdot \int_{\partial\tau_i} \Phi_k \circ \Lambda_i(\boldsymbol{x}) \boldsymbol{n}\,\mathrm{d}s \\
&= -\int_{\partial\tau_i} \left(\sum_{k=1}^{N_{\mathcal{F}}} \begin{pmatrix} \hat{F}_{k,1}(t) \\ \hat{F}_{k,2}(t) \end{pmatrix} \Phi_k\left(\Lambda_i(\boldsymbol{x})\right) \right) \cdot \boldsymbol{n}\,\mathrm{d}s \overset{\text{Flussrek.}}{=} -\int_{\partial\tau_i} \mathcal{F}(\boldsymbol{x}) \cdot \boldsymbol{n}\,\mathrm{d}s.
\end{aligned}
$$

Diese Formulierung ist exakt für $u \in \mathbb{P}_n$, wenn zum einen die Volumenintegrale an den Stellen "Quadr." und die Flussrekonstruktion "Flussrek." exakt sind. Dafür müssen die $\boldsymbol{x}_j$ Quadraturpunkte für eine Quadratur n-ter Ordnung sein (also $N_u \geq \frac{1}{2}(n+1)(n+2)$) und der Fluss mithilfe von mindestens $N_{\mathcal{F}} = \frac{1}{2}(n+2)(n+3)$ Basispolynomen Φ_k exakt für $\mathcal{F} \in [\mathbb{P}_{n+1}]^2$ rekonstruiert werden.
Dies ist insbesondere für die Wahl der Lagrange-Polynome auf $\mathbb{T}$ beziehungsweise PKD-Polynome auf $\mathbb{T}^2$ und 2D-Lobatto-Punkte $(n+1)$-ter Ordnung als Fluss- und Lösungspunkte erfüllt. Für die globale Konservativität müssen, analog zu Lemma 3.1.4, hinreichend viele Flusspunkte auf Quadraturpunkten jeder Kante des Dreiecks liegen, was ebenfalls durch die Wahl der 2D-Lobatto-Punkte gewährleistet ist.

3.3 Implementierung

In diesem Abschnitt soll zum einen auf die Bestimmung des numerischen Flusses an den Zellengrenzen eingegangen und zum anderen die Laufzeit der verschiedenen SD-Varianten verglichen werden. Dabei gehen wir grundsätzlich von der semidiskreten Gleichung (3.2.2) als Aktualisierungsschema aus.

3.3.1 Bestimmung der Flüsse an Dreiecksrändern

Wie bereits in 3.1 erwähnt, benötigt die SDM im Gegensatz zu vielen anderen numerischen Lösungsverfahren den ganzen Fluss $\mathcal{F}$ in der semidiskreten Gleichung. Während Flusspunkte im Inneren mithilfe der Definition der zugrunde liegenden Flussfunktion aus den Werten von $\boldsymbol{u}$ bestimmt beziehungsweise rekonstruiert werden können, muss für Flusspunkte $\boldsymbol{x}$ am Rand des Dreiecks zusätzlich die Normalkomponente $\mathcal{F}(\boldsymbol{u}(\boldsymbol{x},t)) \cdot \boldsymbol{n}$ mit der des benachbarten Dreiecks übereinstimmen, um globale Konservativität sicherzustellen (vergleiche Lemma 3.1.4). Wir unterscheiden nun zwischen Eckpunkten (Abbildung 3.6) und „echten" Kantenpunkten (Abbildung 3.4).

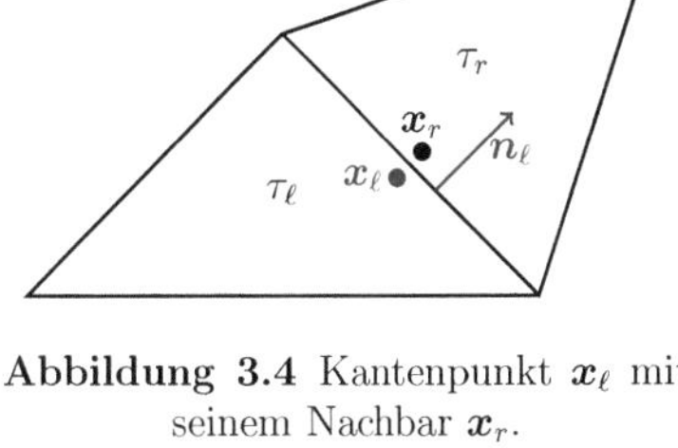

Abbildung 3.4 Kantenpunkt $\boldsymbol{x}_\ell$ mit seinem Nachbar $\boldsymbol{x}_r$.

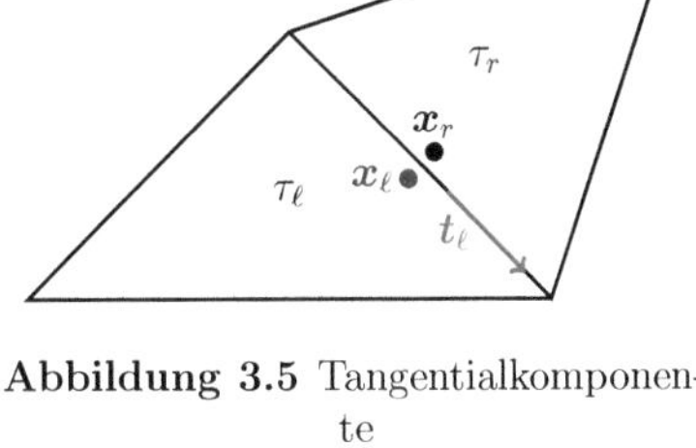

Abbildung 3.5 Tangentialkomponente

Kantenpunkte $\boldsymbol{x}_\ell$ in einem Dreieck τ_ℓ haben entweder einen (durch die konforme Triangulierung und symmetrische Punktverteilung) eindeutig bestimmten Nachbarpunkt $\boldsymbol{x}_r$ im Nachbardreieck τ_r (mit denselben physikalischen Koordinaten) oder liegen auf dem Rand $\partial\Omega$ des betrachteten Gebietes. Im zweiten Fall kann dann ebenfalls ein Pseudo-

Nachbarpunkt $\boldsymbol{x}_r$ betrachtet werden, dessen Werte aus den jeweiligen Randbedingungen berechnet werden (vergleiche Tabelle 3.4). Sind nun die Flüsse $\mathcal{F}(\boldsymbol{u}(\boldsymbol{x}_\ell, t))$ und $\mathcal{F}(\boldsymbol{u}(\boldsymbol{x}_r, t))$ bestimmt, wird mithilfe eines Riemann-Lösers eine gemeinsame Normalkomponente berechnet. Da diese Bedingung den neuen numerischen Fluss $\mathcal{F}^{\text{num}}$ noch nicht eindeutig festlegt, wählen wir eine zweite, *willkürliche* Bedingung, nämlich den Erhalt der ursprünglichen Tangentialkomponente

$$\mathcal{F}^{\text{num}} \cdot \boldsymbol{t} = \mathcal{F}(\boldsymbol{u}(\boldsymbol{x}_\ell, t)) \cdot \boldsymbol{t}.$$

Somit erhalten wir folgende Vorgehensweise:

(a) Bestimme die Normalenkomponente $\boldsymbol{F_n} = (F_{\boldsymbol{n}}^1, \dots, F_{\boldsymbol{n}}^m)$ mithilfe eines Riemann-Lösers aus den Daten $\mathcal{F}(\boldsymbol{u}(\boldsymbol{x}_\ell, t))$ und $\mathcal{F}(\boldsymbol{u}(\boldsymbol{x}_r, t))$.

(b) Bestimme die Tangentialkomponente $\boldsymbol{F_t} := \mathcal{F}(\boldsymbol{u}(\boldsymbol{x}_\ell, t)) \cdot \boldsymbol{t}$ mit $\boldsymbol{F_t} = (F_{\boldsymbol{t}}^1, \dots, F_{\boldsymbol{t}}^m)$.

(c) Löse für $j = 1, \dots, m$ das Gleichungssystem

$$\begin{pmatrix} n_0 & n_1 \\ t_0 & t_1 \end{pmatrix} \begin{pmatrix} F_{j,1}^{\text{num}} \\ F_{j,2}^{\text{num}} \end{pmatrix} = \begin{pmatrix} F_{\boldsymbol{n}}^j \\ F_{\boldsymbol{t}}^j \end{pmatrix}, \tag{3.3.1}$$

wobei $\boldsymbol{n} = (n_0, n_1)^T$ und $\boldsymbol{t} = (t_0, t_1)^T$ ist.

Da die Tangential- und Normalenkomponenten orthogonal zueinander sind, besitzt Gleichung (3.3.1) eine eindeutig bestimmte Lösung $\mathcal{F}_j^{\text{num}} = (F_{j,1}^{\text{num}}, F_{j,2}^{\text{num}})$ für alle $j = 1, \dots, m$. Somit können wir den bisherigen Fluss $\mathcal{F}(\boldsymbol{u}(\boldsymbol{x}_\ell, t))$ am Flusspunkt $\boldsymbol{x}_l$ durch den numerischen Fluss $\mathcal{F}^{\text{num}} = (F_1^{\text{num}}, \dots, F_m^{\text{num}})^T$ ersetzen.

Bedingung	Wert am Nachbarpunkt	Bemerkung
inflow	$\mathcal{F}(\boldsymbol{u}(\boldsymbol{x}_r, t)) = \mathcal{F}(\boldsymbol{u}(\boldsymbol{x}, t))$	$\boldsymbol{u}(\boldsymbol{x}, t)$ exakt aus Einströmbedingung
outflow	$\mathcal{F}(\boldsymbol{u}(\boldsymbol{x}_r, t)) = \mathcal{F}(\boldsymbol{u}(\boldsymbol{x}_\ell, t))$	
fixed wall	$[\mathcal{F}(\boldsymbol{u}(\boldsymbol{x}_r, t))]_{u,v} \cdot \boldsymbol{n} = 0$	Geschwindigkeit in Wandrichtung ist Null

Tabelle 3.4 Bestimmung des Nachbarwertes am Rand $\partial\Omega$.

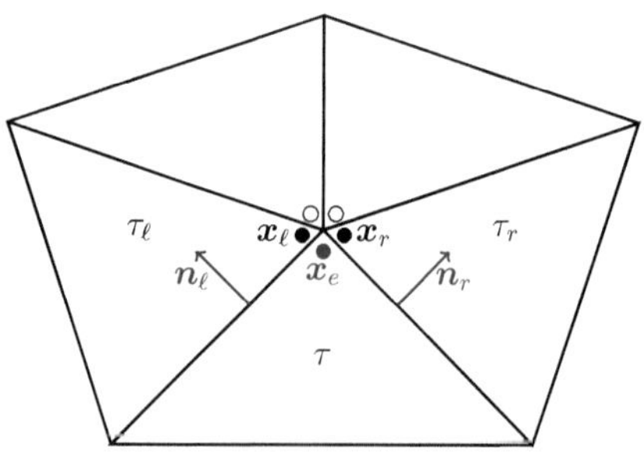

Abbildung 3.6 Eckpunkt $\boldsymbol{x}_e$ mit seinen Nachbarn.

Eckpunkte $\boldsymbol{x}_e$ in einem Dreieck τ besitzen mehrere Nachbarpunkte mit denselben physikalischen Koordinaten (siehe Abbildung 3.6). Aus diesen Nachbarn wählen wir diejenigen aus, die direkt an die anliegenden Kanten von $\boldsymbol{x}_e$ angrenzen und erhalten somit zwei Nachbarpunkte $\boldsymbol{x}_\ell$ im Dreieck τ_ℓ und $\boldsymbol{x}_r$ in τ_r. Sollte $\boldsymbol{x}_e$ ein Randpunkt auf $\partial\Omega$ sein, wird analog zum Fall der Kantenpunkte der Fluss im Pseudo-Nachbarpunkt aus den Randbedingungen bestimmt. Nichtsdestotrotz sind somit zwei notwendige Bedingungen an den numerischen Fluss gegeben, nämlich der Erhalt einer gemeinsamen Normalkomponente mit $\boldsymbol{x}_r$ und $\boldsymbol{x}_\ell$. Dies liefert uns folgendes Schema:

(a) Bestimme die Normalkomponente $\boldsymbol{F}_{\boldsymbol{n},\ell} = \left(F^1_{\boldsymbol{n},\ell}, \dots, F^m_{\boldsymbol{n},\ell}\right)$ mithilfe eines Riemann-Lösers aus den Daten $\mathcal{F}\left(\boldsymbol{u}(\boldsymbol{x}_e, t)\right)$ und $\mathcal{F}\left(\boldsymbol{u}(\boldsymbol{x}_\ell, t)\right)$.

(b) Bestimme die Normalkomponente $\boldsymbol{F}_{\boldsymbol{n},r} = \left(F^1_{\boldsymbol{n},r}, \dots, F^m_{\boldsymbol{n},r}\right)$ mithilfe eines Riemann-Lösers aus den Daten $\mathcal{F}\left(\boldsymbol{u}(\boldsymbol{x}_e, t)\right)$ und $\mathcal{F}\left(\boldsymbol{u}(\boldsymbol{x}_r, t)\right)$.

(c) Löse für $j = 1, \dots, m$ das Gleichungssystem

$$\begin{pmatrix} n_{\ell,0} & n_{\ell,1} \\ n_{r,0} & n_{r,1} \end{pmatrix} \begin{pmatrix} F^{\text{num}}_{j,1} \\ F^{\text{num}}_{j,2} \end{pmatrix} = \begin{pmatrix} F^j_{\boldsymbol{n},\ell} \\ F^j_{\boldsymbol{n},r} \end{pmatrix}, \tag{3.3.2}$$

wobei $\boldsymbol{n}_\ell = (n_{\ell,0}, n_{\ell,1})^T$ und $\boldsymbol{n}_r = (n_{r,0}, n_{r,1})^T$ ist.

Da die beiden Normalenvektoren $\boldsymbol{n}_\ell$ und $\boldsymbol{n}_r$ linear unabhängig sind (denn $\tau \neq \emptyset$), besitzt auch (3.3.2) eine eindeutige Lösung $\mathcal{F}^{\text{num}}_j = (F^{\text{num}}_{j,1}, F^{\text{num}}_{j,2})^T$. Der bisherige Fluss $\mathcal{F}\left(\boldsymbol{u}(\boldsymbol{x}_e, t)\right)$ wird also durch den numerischen Fluss $\mathcal{F}^{\text{num}} = (F^{\text{num}}_1, \dots, F^{\text{num}}_m)^T$ ersetzt.

3.3.2 Laufzeitabschätzung und -vergleich

Die Laufzeitanalyse soll zum einen die verschiedenen Versionen der SD-Methode miteinander vergleichen und zum anderen den benötigten Aufwand des Verfahrens an sich abschätzen. Die in Anhang A.2 angegebenen Laufzeiten dienen dabei lediglich als Vergleichswerte und sind in ihren absoluten Werten nicht optimiert. Wir betrachten zunächst ein allgemeines SD-Verfahren: Ist n der maximale Grad der Basispolynome zur $\boldsymbol{u}$- Rekonstrukion, das heißt $n+1$ die gewünschte Ordnung des Verfahrens, dann werden

- $N_u = \frac{1}{2}(n+1)(n+2)$ Basispolynome zur u-Rekonstruktion,
- $N_{\mathcal{F}} = \frac{1}{2}(n+2)(n+3)$ Basispolynome zur $\mathcal{F}$-Rekonstruktion,
- N_{sp} Lösungspunkte und
- N_{fp} Flusspunkte

benötigt. Abgesehen von Einleseroutinen und einmaligen Vorberechnungen, die in jedem Verfahren durchgeführt und somit vernachlässigt werden, entfällt der größte Teil der Rechenoperationen auf die Berechnung von $\boldsymbol{u}$ an den Lösungspunkten im neuen Zeitschritt, also

$$\sum_{k=1}^{N_{\mathcal{F}}} \hat{F}_{k,i} \frac{\partial \Phi_k(\boldsymbol{r}_j)}{\partial r}, \quad \sum_{k=1}^{N_{\mathcal{F}}} \hat{F}_{k,i} \frac{\partial \Phi_k(\boldsymbol{r}_j)}{\partial s}, \quad i = 1, 2$$

in jeder Erhaltungsvariablen. Betrachten wir $m = 1$, führt dies auf $4 \cdot N_{\text{sp}} \cdot N_{\mathcal{F}} \cdot 2 \in \mathcal{O}(n^4)$ Operationen pro Dreieck. Entsprechen die Flusspunkte den Lösungspunkten, das heißt $N_{\text{sp}} = N_{\text{fp}} = N_{\mathcal{F}}$, ergibt dies $2(n+2)^2(n+3)^2$ Rechenschritte. Ist $N_{\text{sp}} = N_u < N_{\mathcal{F}} = N_{\text{fp}}$, muss u zusätzlich an den Flusspunkten rekonstruiert werden. Je nach Polynomwahl bedeutet dies die zusätzliche Berechnung der Werte $u(\boldsymbol{x}_k) = \sum_{j=1}^{N_u} u(\boldsymbol{x}_j)L_j(\boldsymbol{x}_k)$ (Lagrange-Polynome) oder $u(\boldsymbol{x}_k) = \sum_{j=1}^{N_u} \hat{u}_j \Phi_j(\boldsymbol{x}_k)$ mit Koeffizienten $\left(\hat{u}_j\right)_j = \left(\Phi_j(\boldsymbol{x}_\ell)\right)_{\ell,j}^{-1} \left(u(\boldsymbol{x}_\ell)\right)_\ell$ (andere Polynome, zum Beispiel PKD). Je nach Verteilung der Flusspunkte an den Kanten müssen gegebenfalls an allen Ecken 2 zusätzliche Werte rekonstruiert werden (da die Nachbarpunkte hier nicht mitgesetzt werden können), so dass zu den $2(n+1)(n+2)^2(n+3)$ Rechenschritten noch ein Mehraufwand von mindestens $2 \cdot N_u \cdot N_{\mathcal{F}}$, gegebenenfalls zuzüglich $3 \cdot 2 \cdot 2 \cdot N_u$ zur Bestimmtung in den Ecken und $2 \cdot N_u^2$ zur u-Rekonstruktion für Polynome $\Phi_k \neq L_k$, entsteht.

Im Fall der Lagrange-Polynome entsprechen die $N_{\mathcal{F}}$ benötigten Koeffizienten den Werten des Flusses an den Flusspunkten, so dass keine weitere Rekonstruktion nötig ist. Bei der PKD-Basis hingegen müssen erst die $\hat{F}_{k,i}$ Koeffizienten bestimmt werden, was einen zusätzlichen Aufwand von $2 \cdot N_{\mathcal{F}}(1 + 2 \cdot N_{\text{fp}}) \approx (n+2)^2(n+3)^2$ Operationen bedeutet. Die Laufzeiten in Anhang A.2 sind nicht optimiert, da das Hauptaugenmerk auf den Fehlervergleich gelegt wurde, und geben somit lediglich einen Hinweis auf die möglichen Größenordnungen, wobei sich jede Variante des SD-Verfahrens in $\mathcal{O}(n^4)$ bewegt.

Listing 3.1 Berechnung der aktuellen Erhaltungsvariablen

```
compute_fluxes();
set_numerical_fluxes();
for(tri = first_tri; tri != NULL; tri = tri->next)
{
 for(i = 0; i < m_variables; i++)
 {
  for(k = 0; k < N_F; k++)
  {
   f_coeff[k][0] = 0.0;
   f_coeff[k][1] = 0.0;
   for(l = 0; l < N_F; l++)
   {
    f_coeff[k][0] += F_trafo[k][l]*(tri->fluxpoints_f[i][l]);
    f_coeff[k][1] += F_trafo[k][l]*(tri->fluxpoints_g[i][l]);
   }
  }
  for(j = 0; j < n_sp; j++)
  {
   for(k = 0; k < 4; k++)
   update[k] = 0.0;
   for(k = 0; k < N_F; k++)
   {
    update[0] += basis_dx_coeff[k][j]*f_coeff[k][0];
```

```
      update[1] += basis_dy_coeff[k][j]*f_coeff[k][0];
      update[2] += basis_dx_coeff[k][j]*f_coeff[k][1];
      update[3] += basis_dy_coeff[k][j]*f_coeff[k][1];
    }
    tri->update[i][j] = (update[1]*tri->trafo[1]
                        -update[0]*tri->trafo[3]
                        +update[2]*tri->trafo[2]
                        -update[3]*tri->trafo[0])/tri->area;
  }
 }
}
```

3.4 Stabilität der SDM

Neben der Konservativität und Konvergenz eines numerischen Verfahrens spielt auch seine **Stabilität** eine große Rolle, das heißt die Eigenschaft der Beschränktheit der numerischen Lösung, falls auch die exakte Lösung beschränkt ist. Zum Nachweis der Stabilität wird üblicherweise ein periodischer, linearer Testfall betrachtet und entweder bewiesen, dass die numerische Lösung in einer geeigneten Norm abgeschätzt werden kann, oder eine von-Neumann-Stabilitätsanalyse durchgeführt. Dabei wird die periodische Lösung in eine Fourierreihe entwickelt und die zeitliche Entwicklung des Verfahrens beobachtet, wobei ein Verfahren stabil ist, wenn der Realteil des Spektrums kleiner oder gleich Null ist.

Die SDM in ihrer klassischen Form wurde von mehreren Autoren bezüglich der Stabilität untersucht. Jameson zeigte in [30], dass die SDM in einer Raumdimension in einer Energienorm vom Sobolevtyp

$$\|u\| = \int \left(u^2 + c\left(u^{(n)}\right)^2\right) \mathrm{d}x$$

mit geeignet gewähltem $c \in \mathbb{R}$ für alle Ordnungen $n+1$ stabil ist, wenn die inneren Flusspunkte Nullstellen des Legendre-Polynoms L_n vom Grad n sind.

Kurz zuvor bewiesen Van den Abeele et al. [13] die Unabhängigkeit der klassischen SDM von der Lage der Lösungspunkte in Simplizes, wenn die Anfangsbedingung durch Projektion der exakten Werte auf die Basispolynome gegeben ist. Abhängig von der gewählten Flusspunktverteilung gilt dieses Resultat auch für quadratische Zellen und Hexaeder. Weiterhin führten Van den Abeele et al. eine numerische Stabilitätsanalyse für verschiedene Ordnungen des ein- und zweidimensionalen SD-Verfahrens durch. Im eindimensionalen Fall konnte die numerische Stabilität für Ordnungen $n \leq 6$ bei geeigneter Flusspunktwahl (insbesondere den üblichen in Abschnitt 2.3.3 genannten Interpolationspunkten) gezeigt und mithilfe eines Tensorproduktansatzes auf quadratische Zellen erweitert werden. Auch für Simplizes konnte für das SD-Verfahren erster und zweiter Ordnung numerische Stabilität gezeigt werden. Anders verhält es sich im Fall dritter und vierter Ordnung: Van den Abeele et al. konnten für keine symmetrische Flusspunktverteilung im gleichseitigen Dreieck numerische Stabilität feststellen, da für jede Parameterwahl das Maximum des Realteils der Eigenwerte positiv war, auch wenn es sich teilweise nur um sehr kleine positive Werte kleiner 0.05 handelte.

Ohne weiter auf die Stabilitätsanalyse an sich einzugehen, zeigen wir, dass sich die SDM für PKD-Polynome auf dasselbe Schema der klassischen SDM in Matrixschreibweise zurückführen lässt. Damit ist auch für die SDM mit PKD-Polynomen eine leichte Instabilität für höhere Ordnungen zu erwarten.
Wir betrachten also nun die lineare Transportgleichung und wählen vereinfachend dieselben Fluss- und Lösungspunkte in unserer Formulierung. Dann ist der Fluss gegeben durch

$$\mathcal{F}\left(u(\boldsymbol{x},t)\right) = \begin{pmatrix} a_1 u(\boldsymbol{x},t) \\ a_2 u(\boldsymbol{x},t) \end{pmatrix},$$

wobei in Richtung $\boldsymbol{a} = (a_1, a_2)^T$ transportiert wird. Da in diesem Fall die im Aktualisierungsschema der SDM benötigten Flusskoeffizienten $\hat{F}_{k,i} = a_i \hat{u}_k$ entsprechen, lässt sich Gleichung (3.2.2) umschreiben in

$$\begin{aligned} u_t(\boldsymbol{x}_j, t) &= -\sum_{k=1}^{N_F} \Bigg(\underbrace{(a_1 r_x + a_2 r_y)}_{=:c_1} \partial_r \Phi_k(\boldsymbol{r}_j) \hat{u}_k + \underbrace{(a_1 s_x + a_2 s_y)}_{=:c_2} \partial_s \Phi_k(\boldsymbol{r}_j) \hat{u}_k \Bigg) \\ &= -\left(c_1 \left(\partial_r \Phi_k(\boldsymbol{r}_j)\right)_{j,k} \cdot \left(\hat{u}_k\right)_k + c_2 \left(\partial_s \Phi_k(\boldsymbol{r}_j)\right)_{j,k} \cdot \left(\hat{u}_k\right)_k \right). \end{aligned} \tag{3.4.1}$$

Die Koeffizienten $\hat{u}_k$ werden hier aus den nodalen Werten an den Flusspunkten $\boldsymbol{x}_\ell$ durch $\hat{\boldsymbol{u}} = \boldsymbol{V}^{-1} \cdot \boldsymbol{u}$ mit $\boldsymbol{V} = \left(\Phi_k(\boldsymbol{x}_\ell)\right)_{k,\ell}$ und $\boldsymbol{u} = \left(u(\boldsymbol{x}_\ell)\right)_\ell$ berechnet. Entsprechen die Flusspunkte nicht den Lösungspunkten, wird eine zusätzliche Transfermatrix benötigt, wie $\left(u(\boldsymbol{x}_\ell)\right)_\ell = \left(L_\ell(\boldsymbol{x}_j)\right)_{\ell,j} \cdot \left(u(\boldsymbol{x}_j)\right)_j$ im Fall der Lagrange-Interpolation. Für die Differentiationsmatrizen gilt

$$\begin{aligned} \left(\partial_r \Phi_k(\boldsymbol{r}_j)\right)_{j,k} &= \left(\partial_r \left(\sum_{\mu=1}^{N_F} \Phi_k(\boldsymbol{x}_\mu) L_\mu(\boldsymbol{r}_j) \right) \right)_{j,k} \\ &= \left(\sum_{\mu=1}^{N_F} \Phi_k(\boldsymbol{x}_\mu) \partial_r L_\mu(\boldsymbol{r}_j) \right)_{j,k} \\ &= \left(\partial_r L_\mu(\boldsymbol{r}_j)\right)_{j,\mu} \cdot \left(\Phi_k(\boldsymbol{x}_\mu)\right)_{\mu,k} = \boldsymbol{D}_r^L \cdot \boldsymbol{V} \end{aligned}$$

und analog $\left(\partial_s \Phi_k(\boldsymbol{r}_j)\right)_{j,k} = \boldsymbol{D}_s^L \cdot \boldsymbol{V}$. Damit folgt aus Gleichung (3.4.1)

$$u_t(\boldsymbol{x}_j, t) = -\left(c_1 \boldsymbol{D}_r^L \cdot \boldsymbol{u} + c_2 \boldsymbol{D}_s^L \cdot \boldsymbol{u} \right),$$

also das Aktualisierungsschema der klassischen Formulierung der SDM im Dreieck $\mathbb{T}^2$. Die Kettenregel liefert schließlich auch das Aktualisierungsschema im Standarddreieck $\mathbb{T}$,

$$u_t(\boldsymbol{x}_j, t) = -\left((a_1 \xi_x + a_2 \xi_y) \boldsymbol{D}_\xi^L \cdot \boldsymbol{u} + (a_1 \eta_x + a_2 \eta_y) \boldsymbol{D}_\eta^L \cdot \boldsymbol{u} \right).$$

Mit dieser Darstellung kann jetzt analog zum Beweis von Van den Abeele et al. [13] vorgegangen werden[3].

Durch die leichte Instabilität der SDM lassen sich nun auch numerisch keine geeigneten CFL-Zahlen ermitteln. Da in dieser Arbeit die Stabilisierung der SDM durch die entsprechende Filterung realisiert werden soll, wird ein mit zunehmender Ordnung n fallender Zeitschritt gewählt, nämlich

$$\Delta t := \frac{C_{\text{fix}}}{(n+1)^2} \cdot \frac{h}{\lambda_{\max}},$$

wobei C_{fix} ein fester Wert, h eine Längenmaß im Dreieck und $\lambda_{\max}$ die maximale Ausbreitungsgeschwindigkeit in einer Zelle ist. In der Implementierung wurde h als der kürzeste Abstand des Schwerpunkts zur Kante (der immer kleiner oder gleich dem Inkreisradius ist) und $C_{\text{fix}} = 0.5$ gesetzt. Diese Wahl stellt sicher, dass sich obiger Zeitschritt für den Fall $n = 0$ (also nur einem Freiheitsgrad im Schwerpunkt des Dreiecks) mit der ermittelten CFL-Zahl aus Beispiel 2.2.2 verträgt und bei höherem Polynomgrad rasch fällt.

3.5 Ansatz mit zweidimensionalen Basispolynomen

Zur Rekonstruktion des Flusses im SD-Schema können wie in Abschnitt 2.3.2 auch zweidimensionale Basispolynome gewählt werden. Dieser Ansatz wurde von May et al. [46, 3] aufgegriffen, die das SD-Verfahren für eine spezielle Polynombasis mithilfe des Raviart-Thomas-Polynomraums auf dem Standarddreieck $\mathbb{T}$ weiterentwickelten. Diese Basis $\{\Phi_k \in RT_n \mid 1 \leq k \leq n_{\text{RT}}\}$ ist dadurch charakterisiert, dass sie zu einer gewählten Menge $\{(\boldsymbol{\xi}_k, \boldsymbol{s}_k) \in \mathbb{R}^2 \times \mathbb{R}^2 \mid 1 \leq k \leq n_{\text{RT}}, \|\boldsymbol{s}_k\| = 1\}$, bestehend aus Paaren von Interpolationspunkten $\boldsymbol{\xi}_k$ und Richtungsvektoren $\boldsymbol{s}_k$, die Eigenschaft

$$\Phi_j(\boldsymbol{\xi}_k) \cdot \boldsymbol{s}_k = \delta_{jk}$$

für alle $1 \leq k, j \leq n_{\text{RT}}$ besitzt. Die berechtigte Frage nach der Wahl von guten Punkten und Richtungen stellen wir zunächst zurück. Bezeichnet $\Lambda_i : \tau_i \to \mathbb{T}$ die Abbildung von einem Element τ_i einer Triangulierung auf das Referenzelement $\mathbb{T}$, dann gilt für die Divergenz des Flusses die Gleichung

$$\nabla_{\boldsymbol{x}} \cdot \mathcal{F}(u(\boldsymbol{x}, t)) = \frac{1}{\left|\Lambda_i^{-1}\right|} \nabla_{\boldsymbol{\xi}} \cdot \left(\left|\Lambda_i^{-1}\right| \Lambda_i \mathcal{F}(u(\boldsymbol{\xi}, t))\right) = \frac{1}{\left|\Lambda_i^{-1}\right|} \nabla_{\boldsymbol{\xi}} \cdot \widetilde{\mathcal{F}}(u(\boldsymbol{\xi}, t)).$$

Somit kann der transformierte Fluss $\widetilde{\mathcal{F}}$ rekonstruiert werden als

$$\widetilde{\mathcal{F}}(u(\boldsymbol{\xi}, t)) = \sum_{k=1}^{N_{\text{RT}}} \hat{f}_k(t) \Phi_k(\boldsymbol{\xi})$$

[3]Die Formulierung in der vorliegenden Arbeit entspricht der Nomenklatur der vorhergehenden Abschnitte, während Van den Abeele et al. noch eine zusätzliche „Entdimensionalisierung“ durch die Wahl eines bestimmten Gitters einführen. Da hier nur die prinzielle Übertragbarkeit gezeigt werden soll, wird nicht weiter darauf eingegangen.

mit den skalaren Koeffizienten

$$\hat{f}_k(t) = \begin{cases} \left|\Lambda_i^{-1}\right| \Lambda_i \mathcal{F}\left(u(\boldsymbol{\xi}_k, t)\right) \cdot \boldsymbol{s}_k, & \boldsymbol{\xi}_k \in \mathring{\mathbb{T}}, \\ h, & \boldsymbol{\xi}_k \in \partial\, \mathbb{T}, \end{cases}$$

wobei h der Wert einer üblichen numerischen Flussfunktion im Punkt $\boldsymbol{\xi}_k$ in Richtung $\boldsymbol{s}_k$ ist. Eingesetzt in die Erhaltungsgleichung führt dies auf das leicht abgewandelte Aktualisierungsschema

$$u_t(\boldsymbol{x}_j) = -\frac{1}{\left|\Lambda_i^{-1}\right|} \sum_{k=1}^{n_{\mathrm{RT}}} \hat{f}_k(t) \nabla_{\boldsymbol{\xi}} \cdot \Phi_k(\boldsymbol{\xi}_j)$$

an Lösungspunkten $\boldsymbol{x}_j$. Um die universellen Koeffizienten $\nabla_{\boldsymbol{\xi}} \cdot \Phi_k(\boldsymbol{\xi}_j)$ zu bestimmen, nutzten May et al. eine Monombasis $\Psi_\ell \in RT_n$ aus Gleichung (2.3.14) zu Monomen $\{x^\ell y^m \mid \ell, m \in \mathbb{N}_0, 0 \leq \ell + m \leq n\}$ (vergleiche Beispiel 2.3.10 für $n = 1$). Jedes Polynom aus dem RT_n-Raum, inbesondere Ψ_ℓ, kann als Linearkombination der Basis Φ_k ausgedrückt werden, sprich

$$\Psi_\ell(\boldsymbol{\xi}) = \sum_{k=1}^{n_{\mathrm{RT}}} a_{\ell k} \Phi_k(\boldsymbol{\xi}_\ell) \qquad \text{mit} \qquad a_{\ell k} = \Psi_\ell(\boldsymbol{\xi}_k) \cdot \boldsymbol{s}_k.$$

Somit können die Koeffizienten durch Lösen des Gleichungssystems

$$\left(\nabla_{\boldsymbol{\xi}} \cdot \Psi_\ell(\boldsymbol{\xi}_j)\right)_\ell = \left(\sum_{k=1}^{n_{\mathrm{RT}}} a_{\ell k} \nabla_{\boldsymbol{\xi}} \cdot \Phi_k(\boldsymbol{\xi}_j)\right)_\ell = \left(a_{\ell k}\right)_{\ell k} \cdot \left(\nabla_{\boldsymbol{\xi}} \cdot \Phi_k(\boldsymbol{\xi}_j)\right)_k \tag{3.5.1}$$

bestimmt werden, da die Einträge $a_{\ell k}$ und die linke Seite von Gleichung (3.5.1) mit der Definition der Monombasis exakt berechenbar sind.
An dieser Stelle stellt sich wieder die Frage nach einer angemessenen Verteilung der $\boldsymbol{\xi}_j$. Um eine gut gestellte Matrix $\left(a_{\ell k}\right)_{\ell k}$ zu erhalten, sollten die $\boldsymbol{\xi}_k$ geeigneten Interpolationspunkten entsprechen. Außerdem sollten für eine Kopplung benachbarter Zellen analog zur klassischen SDM hinreichend viele $\boldsymbol{\xi}_k$ auf der Kante des Dreiecks (mit zugehörigen äußeren Normalenvektoren $\boldsymbol{s}_k$) liegen. May et al. [46] identifizierten stabile Flusspunkte anhand einer numerischen Stabilitätsanalyse für verschiedene Punkteverteilungen. Für $n = 1, 2, 3$ setzten sie auf jeder Dreieckskante jeweils $n+1$ Punkte auf eindimensionale Gauß-Quadraturpunkte mit äußeren Normalenvektoren $\boldsymbol{s}_k$ und verteilten $\frac{1}{2}n(n+1)$ innere Punkte auf Quadraturpunkte für das Dreieck mit je zwei Richtungsvektoren $\boldsymbol{s}_k^1 = (0,1)$, $\boldsymbol{s}_k^2 = (1,0)$, so dass insgesamt $n(n+1)$ Freiheitsgrade im Inneren liegen. Für geeignete Zeitintegrationsverfahren[4] liefern diese Punkte eine *stabile* SD-Methode mit RT-Elementen, allerdings nur bis zur vierten Ordnung. Eine Erweiterung auf höhere Ordnungen ist auch nicht offensichtlich, da die intuitiven Punktverteilungen schon für $n = 4$ kein stabiles Verfahren mehr liefern[5].
Da die u-Rekonstruktion weiterhin mit Polynomen $\mathcal{P} : \mathbb{R}^2 \to \mathbb{R}$ erfolgt, könnte auch dieser Ansatz mit PKD-Basispolynomen durchgeführt und den nachfolgenden Erweiterungen, wie der modalen Filterung, versehen werden. Allerdings wäre eine vorhergehende Untersuchung nach stabilen Verteilungen für $n \geq 4$ sinnvoll, um auch tatsächlich ein stabiles Verfahren mit beliebig hoher Ordnung zu erhalten.

[4]May et al. nutzten unter anderem ein Strong-Stability-Preserving(SSP)-Runge-Kutta-Verfahren vierter Ordnung.
[5]Derzeitiger Stand nach mündlicher Aussage von George May.

4 Modale Filter

Auch wenn Verfahren hoher Ordnung die Möglichkeit bieten, die zugrunde liegende Funktion besser zu approximieren und somit den Gebrauch gröberer Gitter gestatten, besitzen sie doch einen entscheidenden Nachteil, das sogenannte **Gibbs-Phänomen**. Dieses zuerst bei Fourierreihen beobachtete Phänomen besagt, dass bei der Rekonstruktion einer unstetigen oder nichtperiodischen Funktion Oszillationen in der Nähe der Sprungstelle in der Größenordnung von circa 9% der Sprunghöhe auftreten, die auch durch eine Verfeinerung der Approximation nicht beseitigt werden können. Diese Eigenschaft ist ein grundlegendes Problem abgeschnittener Reihenentwicklungen und somit auch bei den von uns genutzen Legendre- und Jacobi-Polynomen zu finden. Da Lösungen hyperbolischer Erhaltungsgleichung trotz stetiger Anfangsdaten Unstetigkeiten in endlicher Zeit entwickeln können, müssen numerische Lösungsverfahren wie die SDM das Gibbs-Phänomen abmildern, da sich die entstehenden Oszillationen ansonsten immer weiter verstärken können.
In diesem Kapitel werden mögliche Vorgehensweisen zum Umgang mit entstehenden Oszillationen im Kontext numerischer Erhaltungsgleichungen vorgestellt, zum einen der Gebrauch koeffizientenbasierter Filter (Abschnitt 4.1), zum anderen die Spektrale-Viskosität-Methode (Abschnitt 4.2). Aufgrund einer Verwandtschaft der beiden Ansätze kann in Abschnitt 4.3 eine auf die PKD-Polynome zugeschnittene Filtertechnik hergeleitet werden, wie sie auch für DG-Verfahren in [51, 48] genutzt wurde. Diese Filterung wird erstmals auf die SDM übertragen und mit den entsprechenden Änderungen untersucht.

4.1 Grundlagen

Modale Filter sind ein einfaches aber effizientes Werkzeug zur Reduktion von auftretenden Oszillationen, die auf dem Gibbs-Phänomen beruhen. Bei unstetigen Funktionen fallen die hochfrequenten Fourierkoeffizienten nur sehr langsam ab und verursachen somit die unerwünschten Schwingungen. Filter erzwingen daher eine schnellere Konvergenz durch Multiplikation der höheren Koeffizienten mit einem Dämpfungsfaktor, der allerdings nicht zu stark sein sollte, da in den Koeffizienten enthaltene Informationen über die Unstetigkeit nicht verloren gehen dürfen. Daraus resultieren zahlreiche Anforderungen an die Konstruktion von geeigneten Filtern, die sich auch auf andere Polynombasen erweitern lassen. Ausführliche Abhandlungen und verschiedene Ansätze finden sich in zahlreichen Werken [9, 10, 32, 24] zu spektralen Verfahren sowie in den Übersichtsartikeln [23, 65].

Definition 4.1.1. Sei $p \in \mathbb{N}$ und $\sigma : [0,1] \to [0,1]$ eine $(p-1)$-mal stetig differenzierbare Funktion. σ heißt **Filter p-ter Ordnung**, falls gilt:

$$\begin{aligned} \sigma(0) &= 1, \\ \sigma^{(k)}(0) &= 0 \quad \forall\, 1 \leq k \leq p-1. \end{aligned}$$

Definition 4.1.2. Sei $N \in \mathbb{N}_0$, I_N eine Indexmenge und u_N die Rekonstrukion einer Funktion u in der Basis Φ_k, $k \in I_N$. Ferner bilde $\vartheta : I_N \to [0,1]$ jeden Index k abhängig von der Frequenz beziehungsweise dem Polynomgrad der Φ_k auf $[0,1]$ ab. Ein Filter σ heißt **modal**, wenn er direkt auf die Koeffizienten einer Reihenentwicklung wirkt, so dass die gefilterte Rekonstruktion u_N^σ dargestellt werden kann als

$$u_N^\sigma(\boldsymbol{x}) = \sum_{k \in I_N} \sigma\left(\vartheta(k)\right) \hat{u}_k \Phi_k(\boldsymbol{x}).$$

Die Abbildung ϑ soll hier lediglich die Anwendung eines Filters ermöglichen und daher die Indexmenge auf $[0,1]$ projizieren. So ist zum Beispiel bei der komplexen Fourierentwicklung (siehe Gleichung (4.1.1)) $I_N := \{k \mid -N \leq k \leq N\}$ mit $\vartheta(k) = \dfrac{|k|}{N}$ und bei der PKD-Entwicklung $I_n := \{(\ell, m) \mid \ell, m \in \mathbb{N}_0, \ell + m \leq n\}$ mit $\vartheta(\ell, m) = \dfrac{\ell + m}{n}$ (siehe Gleichung (4.1.3)).

Beispiel 4.1.3. Einige einfache Filter sind

(a) der **Féjer-Filter** (der Ordnung $p = 1$)

$$\sigma(\eta) = 1 - \eta,$$

(b) der von einem zusätzlichen Parameter $\alpha \in \mathbb{R}$ abhängige **Exponentialfilter** p-ter Ordnung

$$\sigma(\eta) = \exp(-\alpha \eta^p).$$

Einen Vorteil des Gebrauchs von gefilterten Reihenentwicklungen bewies Vandeven [69] für den Fall einer gefilterten Fourierreihe

$$u_N^\sigma(x) = \sum_{|k| \leq N} \sigma\left(\frac{|k|}{N}\right) \hat{u}_k \mathrm{e}^{\mathrm{i}kx} \tag{4.1.1}$$

mit Fourierkoeffizienten $\hat{u}_k$. Ist σ ein Filter nach Definition 4.1.1, dann lässt sich der Fehler $|u - u_N^\sigma|$ für $\mathcal{C}^\infty$-Funktionen u durch $C \cdot N^{-p+\frac{1}{2}}$ mit einer Konstanten $C \in \mathbb{R}$ abschätzen. Um dieses Resultat auch für nur *stückweise* stetige Funktionen zu erhalten, ist eine weitere Forderung nötig, nämlich

$$\sigma^{(\ell)}(1) = 0 \quad \forall\, 0 \leq \ell \leq p-1. \tag{4.1.2}$$

Anschaulich führt diese Forderung zu einem glatteren Übergang zwischen dem gefilterten und ungefilterten Anteil der Koeffizienten.

Die Zusatzbedingung wird allerdings nicht von allen klassischen Filtern erfüllt. So gilt sie zwar für den Féjer-Filter aus Beispiel 4.1.3, aber nicht für den Exponentialfilter, weshalb in der Praxis der Parameter α so gewählt wird, dass die gewünschte Anforderung bis auf Maschinengenauigkeit gegeben ist.

Die Konvergenzeigenschaft der gefilterten Fourierreihen kann sowohl auf Tschebyscheff- [69], Legendre-[27] als auch PKD-Entwicklungen übertragen werden. Details zur letzteren Abschätzung werden im nachfolgenden Satz aus [51] zitiert.

Satz 4.1.4. *Sei $p, n \in \mathbb{N}$, $p > 1$, $0 < \varepsilon < 1$ und $\sigma \in \mathcal{C}^{2p-1}[0, \varepsilon)$ ein modaler Filter der Ordnung $2p-1$. Ferner sei u aus dem Sobolevraum $\mathcal{H}^{2p}(\mathbb{T}^2)$ und*

$$u_n^\sigma(r,s) = \sum_{\ell+m\leq n} \sigma\left(\frac{\ell+m}{n}\right) \hat{u}_{\ell m}\varphi_{\ell m}(r,s) \tag{4.1.3}$$

die gefilterte PKD-Entwicklung mit normierten PKD-Koeffizienten

$$\hat{u}_{\ell m} = \frac{1}{\gamma_{\ell m}} \int_{\mathbb{T}^2} u(r,s)\varphi_{\ell m}(r,s)\, \mathrm{d}(r,s).$$

Dann existieren Konstanten $C_1, C_2 \in \mathbb{R}$ so dass gilt:

$$|u(r,s) - u_n^\sigma(r,s)| < C_1 \cdot \frac{1}{(1-s)^{\frac{3}{4}} n^{2p-2}}, \quad \forall\, (r,s) \in \mathbb{T}^2 \setminus \{(-1,1)\},$$
$$|u(-1,1) - u_n^\sigma(-1,1)| < C_2 \cdot \frac{1}{n^{2p-2}}.$$

Dieser Satz liefert zwar die Existenz von vom gewählten Filter und Testfall abhängigen Konstanten C_1, C_2, macht aber keine Aussage über eine geeignete Wahl des Filters und entsprechender Parameter, um eine möglichst gute Abschätzung zu erhalten. Der nächste Abschnitt liefert jedoch nützliche Hinweise zur Wahl eines geeigneten Filters für die PKD-Basis.

4.2 Die Spektrale-Viskosität-Methode

Neben der im vorigen Abschnitt vorgestellten Möglichkeit der Koeffizientenfilterung zur Reduktion von Oszillationen in der Nähe von Unstetigkeitsstellen wurde von Tadmor in [63, 64] die sogenannte **Spektrale-Viskosität-Methode** (SV-Methode) eingeführt. Motiviert wurde sie durch die Tatsache, dass einfache spektrale Verfahren bei nichtlinearen Erhaltungsgleichungen nicht gegen die korrekte Entropielösung konvergieren müssen, wie es unter anderem in [62] für die Burgers-Gleichung gezeigt wurde. In der SV-Methode wird daher ein zusätzlicher Dissipationsterm eingeführt, der die Lösung abhängig von ihrer Frequenz modifiziert.

Beispiel 4.2.1. Wir betrachten die SV-Methode in ihrer ursprünglichen Form in einer Raumdimension für skalare Erhaltungsgleichungen mit (2π)-periodischen Anfangs- und periodischen Randbedingungen. Dabei beschreibe die Abbildung $\mathcal{P}_N$ die Projektion einer Funktion in den Fourierraum, das heißt

$$\mathcal{P}_N u(x,t) := \sum_{|k|\leq N} \hat{u}_k(t)\mathrm{e}^{\mathrm{i}kx} = u_N(x,t)$$

mit entsprechenden Fourierkoeffizienten $\hat{u}_k = \int u(t)\mathrm{e}^{-\mathrm{i}kt}\,\mathrm{d}t$. Sei ferner ein Operator Q_N definiert durch

$$Q_N w(x,t) := \sum_{|k|\leq N} \hat{Q}_k \hat{w}_x(t)\mathrm{e}^{\mathrm{i}kx}$$

mit Koeffizienten $\hat{Q}_k \in [0,1]$ und Fourierkoeffizienten $\hat{w}_k$. Dann ist die semidiskrete Gleichung der SV-Methode für $p \in \mathbb{N}$ gegeben durch

$$\frac{\partial}{\partial t}u_N(x,t) + \frac{\partial}{\partial x}\mathcal{P}_N f\left(u_N(x,t)\right) = \varepsilon_N(-1)^{p+1}\frac{\partial^p}{\partial x^p}\left(Q_N \frac{\partial^p u_N(x,t)}{\partial x^p}\right) \tag{4.2.1}$$

wobei p die Ordnung und ε_N die Stärke des Viskositätsterms bezeichnet. Die Koeffizienten $\hat{Q}_k$ sind eine Art Glättungsfaktoren und geben an, wie stark die jeweiligen Frequenzen modifizert werden.

Bei der Einführung des Viskositätsterms auf der rechten Seite von Gleichung (4.2.1) sind mehrere Parameter gegeben, so dass sich die Frage nach der richtigen Parameterwahl stellt, damit die vorgestellte SV-Methode auch tatsächlich gegen die gewünschte Entropielösung konvergiert und ihre spektrale Genauigkeit beibehält. In diesem Zusammenhang bewies Tadmor [64] das folgende Konvergenzresultat für die SV-Methode für Fourierkoeffizienten und eine allgemeine Erhaltungsgleichung $u_t + \partial_x f(u) = 0$ in einer Raumdimension, das von Ma [41] auch auf die Legendre-SV-Methode übertragen werden konnte.

Satz 4.2.2. *Sei $p \in \mathbb{N}$ eine feste Filterordnung und die Filterstärke*

$$C_p \leq \sum_{k=1}^{p} \left\|\partial_u^k f(u)\right\|_{L^\infty} \cdot \|u_N\|_{L^\infty}^{k-1}, \tag{4.2.2}$$

sowie Parameter $\Theta < \dfrac{2p-1}{2p}$ und $m_N \sim N^\Theta$ gewählt. Setzen wir die Viskositätsstärke $\varepsilon_N \sim \dfrac{2C_p}{N^{2p-1}}$ und die Viskositätskoeffizienten

$$\begin{aligned} &\hat{Q}_k = 0, && |k| \leq m_N, \\ &\hat{Q}_k \in \left[1 - \left(\frac{m_N}{|k|}\right)^{\frac{2p-1}{\Theta}}, 1\right], && |k| > m_N, \end{aligned}$$

dann gilt: Sind die Lösungen u_N von Gleichung (4.2.1) *mit obiger Parameterwahl gleichmäßig beschränkt, dann konvergieren die u_N für $N \to \infty$ stark gegen die eindeutige Entropielösung der konvexen Erhaltungsgleichung.*

Besonders interessant ist die Tatsache, dass die SV-Methode unter obigen Bedingungen äquivalent als modale Filterung formuliert werden kann.

Satz 4.2.3. *Unter den Voraussetzungen aus Beispiel 4.2.1 ist das in Gleichung* (4.2.1) *gegebene SV-Verfahren äquivalent zur Verwendung eines modalen Filters der Form*

$$\sigma(\eta) = \exp\left(-\varepsilon_N \Delta t N^{2p} \hat{Q}_k \eta^{2p}\right), \quad \eta = \frac{k}{N}, \tag{4.2.3}$$

vor jedem neuen Zeitschritt der nichtviskosen Gleichung

$$\frac{\partial}{\partial t} u_N(x,t) + \frac{\partial}{\partial x} \mathcal{P} f\left(u_N(x,t)\right) = 0.$$

Beweis: Der Viskositätsterm aus Gleichung 4.2.1 kann (vergleiche [62]) auch geschrieben werden als

$$\frac{\partial^p}{\partial x^p}\left(Q_N \frac{\partial^p u_N(x,t)}{\partial x^p}\right) = \sum_{|k|\leq N} (\mathrm{i}k)^{2p} \hat{Q}_k \hat{u}_k(t) \mathrm{e}^{\mathrm{i}kx}.$$

Gleichung 4.2.1 lässt sich mithilfe eines Splitting-Verfahrens in zwei Schritten lösen,

$$\frac{\partial}{\partial t} u_N(x,t) = -\varepsilon_N \sum_{|k|\leq N} k^{2p} \hat{Q}_k \hat{u}_k(t) \mathrm{e}^{\mathrm{i}kx} \tag{4.2.4}$$

und

$$\frac{\partial}{\partial t} u_N(x,t) + \frac{\partial}{\partial x} \mathcal{P} f\left(u_N(x,t)\right) = 0.$$

Ein Koeffizientenvergleich in Gleichung 4.2.4 liefert für $|k| \leq N$ die gewöhnlichen Differentialgleichungen

$$\frac{\partial \hat{u}_k(t)}{\partial t} = -\varepsilon_N k^{2p} \hat{Q}_k \hat{u}_k(t).$$

Die allgemeine Lösung ist hier gegeben durch $\hat{u}_k(t) = C \cdot \exp(-\varepsilon_N k^{2p} \hat{Q}_k t)$, $C \in \mathbb{R}$, woraus mit $\Delta t := t^{n+1} - t^n$ und der Forderung $\hat{u}_k(t^{n+1}) = \hat{u}_k(t^n)$ für $\Delta t = 0$ die diskrete Rekursion

$$\hat{u}_k(t^{n+1}) = \exp(-\varepsilon_N k^{2p} \hat{Q}_k (\Delta t + t^n)) = \underbrace{\exp(-\varepsilon_N k^{2p} \hat{Q}_k \Delta t)}_{=:\sigma(k)} \cdot \hat{u}_k(t^n)$$

folgt. Multiplikation des Exponenten mit $1 = N^{2p-2p}$ liefert die gewünschte Funktion $\sigma = \sigma(\eta)$. □

Dieser Satz kann nun auch für den Fall erweitert werden, in dem die Approximation durch allgemeine orthogonale Basispolynome Φ_k durchgeführt wird, wobei wir nur den vereinfachten Viskositätsoperator, das heißt mit $\hat{Q}_k = 1$ für alle k, betrachten. Der zugehörige Filter wird dann erst abhängig von den jeweiligen Eigenwerten konstruiert.

Satz 4.2.4. *Sei $N \in \mathbb{N}$, I_N eine Indexmenge und $\{\Phi_k \mid k \in I_N\}$ eine orthogonale Basis eines Gebietes Ω, die das singuläre Sturm-Liouville-Problem zum Operator $\mathcal{L}$ mit Eigenwerten $-\lambda_k$ erfüllt. Sei ferner $\mathcal{P}_\Phi$ die Projektion auf den von den Φ_k aufgespannten Raum. Dann ist das Lösen der viskosen Gleichung*

$$\frac{\partial}{\partial t}u_N(x,t) + \frac{\partial}{\partial x}\mathcal{P}_\Phi f\left(u_N(x,t)\right) = \varepsilon_N(-1)^{p+1}\mathcal{L}^p u_N(x,t) \tag{4.2.5}$$

äquivalent zur Multiplikation der modalen Koeffizienten $\hat{u}_k$ mit

$$\sigma\left(k\right) = \exp\left(-\varepsilon_N \Delta t \lambda_k^p\right)$$

nach jedem Aktualisierungsschritt der nichtviskosen Gleichung.

Beweis: Gleichung (4.2.5) kann wie im vorigen Satz mithilfe eines Splitting-Verfahrens in zwei Schritten gelöst werden:

$$\frac{\partial}{\partial t}u_N(x,t) = \varepsilon_N(-1)^{p+1}\mathcal{L}^p u_N(x,t) \tag{4.2.6}$$

und

$$\frac{\partial}{\partial t}u_N(x,t) + \frac{\partial}{\partial x}\mathcal{P}_\Phi f\left(u_N(x,t)\right) = 0.$$

Mit $u_N(x,t) = \sum_{k\in I_N} \hat{u}_k(t)\Phi_k(x)$ folgt aus Gleichung (4.2.6)

$$\sum_{k\in I_N} \frac{\partial \hat{u}_k(t)}{\partial t}\Phi_k(x) = \sum_{k\in I_N} \varepsilon_N(-1)^{p+1}\hat{u}_k(t)\mathcal{L}^p\Phi_k(x) \overset{(*)}{=} \sum_{k\in I_N} -\varepsilon_N\hat{u}_k(t)\lambda_k^p\Phi_k(x),$$

wobei $(*)$ durch die Erfüllung des Sturm-Liouville-Problems, also $\mathcal{L}^p\Phi_k(x) = (-\lambda_k)^p\Phi_k$, bedingt ist. Ein Koeffizientenvergleich liefert nun die Forderung

$$\frac{\partial \hat{u}_k(t)}{\partial t} = -\varepsilon_N\hat{u}_k(t)\lambda_k^p, \quad k \in I_N.$$

Die allgemeine Lösung ist hier wieder gegeben durch $\hat{u}_k(t) = C \cdot \exp(-\varepsilon_N\lambda_k^p t)$, $C \in \mathbb{R}$, woraus mit $\Delta t := t^{n+1} - t^n$ und der Forderung $\hat{u}_k(t^{n+1}) = \hat{u}_k(t^n)$ für $\Delta t = 0$

$$\hat{u}_k(t^{n+1}) = \exp(-\varepsilon_N\lambda_k^p(\Delta t + t^n)) = \underbrace{\exp(-\varepsilon_N\lambda_k^p\Delta t)}_{=:\sigma(k)} \cdot \hat{u}_k(t^n)$$

und damit die gewünschte Funktion σ folgt. □

Der Nutzen dieser Äquivalenzen besteht darin, dass modale Filterung häufig effizienter implementiert werden kann als der direkte Viskositätsansatz (4.2.5), so dass diese Variante auch im zugrunde liegenden Code verwirklicht wurde (siehe Abschnitt 4.5). Es bleibt noch die Frage zu klären, wie die Parameter p und ε_N gewählt werden sollten, um eine optimale Filterung des SD-Verfahrens zu erzielen. In der Literatur wurden verschieden gewählte Werte genutzt, wie zum Beispiel in [42] für einen pseudospektralen Legendre-Ansatz oder [51] für PKD Polynome im Rahmen der DG-Diskretisierung. Wir geben im nachfolgenden Abschnitt eine ähnliche Abschätzung der Parameter für den Fall der SD-Methode.

4.3 Filtertechnik basierend auf PKD-Polynomen

Wie bereits in Abschnitt 2.3.1 erwähnt erfüllen die PKD-Polynome das in Gleichung (2.3.12) gegebene Sturm-Liouville-Problem mit dem Operator $\mathcal{L}_{r,s}$ und den Eigenwerten $\lambda_k = \lambda_{\ell m} = (\ell + m)(\ell + m + 2)$. Wir wollen zunächst eine der Spektrale-Viskosität-Methode entsprechende Formulierung der SDM finden. Maday et al. zeigten in [42], dass die pseudospektrale Legendre-Viskositätsmethode auch äquivalent nodal formuliert werden kann. Sei also $\boldsymbol{r}_j$ ein Lösungspunkt im Referenzelement $\mathbb{T}^2$ und $n \in \mathbb{N}$. Dann lässt sich das SD-Aktualisierungsschema für eine skalare Erhaltungsgleichung in einem Element $\tau_i \in \mathcal{T}$ formulieren als

$$\frac{\partial}{\partial t} u_n\left(\Lambda_i^{-1}(\boldsymbol{r}_j), t\right) + \nabla_{\boldsymbol{x}} \cdot \widetilde{\mathcal{P}_n} \widetilde{\mathcal{F}}(u_n(\Lambda_i^{-1}(\boldsymbol{r}_j), t)) = 0, \tag{4.3.1}$$

wobei $\Lambda_i : \tau_i \to \mathbb{T}^2$ die Koordinatentransformation auf das Standardelement,

$$\widetilde{\mathcal{F}}(u_n(\boldsymbol{x}, t)) := \begin{cases} \mathcal{F}(u_n(\boldsymbol{x}, t)), & \boldsymbol{x} \in \mathring{\tau}_i, \\ \mathcal{F}^{\text{num}}, & \boldsymbol{x} \in \partial\tau_i, \end{cases}$$

die entsprechende Flussfunktion mit $\mathcal{F}^{\text{num}} \cdot \boldsymbol{n} = H(u_l, u_r, \boldsymbol{n})$ und (mit $N = \frac{1}{2}(n+1)(n+2)$)

$$\widetilde{\mathcal{P}_n} f(u(\boldsymbol{x}, t)) = \sum_{k=1}^{N} \hat{f}_k(t)\phi_k(\boldsymbol{x})$$

die Projektion auf den von den PKD-Polynomen aufgespannten Raum ist. Versehen wir die rechte Seite mit einem Viskositätsterm analog zu Gleichung (4.2.5), erhalten wir mit $\nabla_{\boldsymbol{x}} = \mathcal{J}\Lambda_i \nabla_{\boldsymbol{r}}$

$$\begin{aligned} &\frac{\partial}{\partial t} u_n\left(\Lambda_i^{-1}(\boldsymbol{r}_j), t\right) + \nabla_{\boldsymbol{r}} \cdot \widetilde{\mathcal{P}_n}\left(\mathcal{J}\Lambda_i\right)^T \widetilde{\mathcal{F}}(u_n(\Lambda_i^{-1}(\boldsymbol{r}_j), t)) \\ &= \varepsilon_n (-1)^{p+1} \mathcal{L}_{r,s}^p (u_n(\Lambda_i^{-1}(\boldsymbol{r}_j), t)). \end{aligned} \tag{4.3.2}$$

Satz 4.2.4 liefert uns nun den passenden Multiplikator zur Viskositätsformulierung (4.3.2) des Spektrale-Differenzen-Verfahrens durch

$$\sigma(k) = \sigma(\ell, m) = \exp\left(-\varepsilon_n \Delta t(\ell + m)^p(\ell + m + 2)^p\right). \tag{4.3.3}$$

Einen Filter $\sigma : [0, 1] \to [0, 1]$ erhalten wir damit durch

$$\begin{aligned} \sigma\left(\frac{l+m}{n}\right) &= \exp\left(-\varepsilon_n (n)^{2p} \Delta t \left(\frac{\ell + m}{n}\right)^p \left(\frac{\ell + m + 2}{n}\right)^p\right) \\ &\approx \exp\left(-\varepsilon_n (n)^{2p} \Delta t \left(\frac{\ell + m}{n}\right)^{2p}\right). \end{aligned} \tag{4.3.4}$$

Dies ist ein exponentieller Filter der Ordnung $2p$ sowie Filterstärke $\alpha_i := \varepsilon_n n^{2p} \Delta t$, der nur von $\ell + m$ abhängt, so dass mit $1 \leq k := \ell + m \leq n$ nur n Filterkoeffizienten benötigt werden.

Die Wahl der Filterordnung p und Viskositätsstärke ε_n kann ähnlich wie bei den Überlegungen in [51] folgendermaßen motiviert werden: Wie im Fall von Satz 4.2.2 kann $\varepsilon_n \sim \frac{C_p}{n^{2p-1}}$ mit einer von p abhängigen Konstante C_p gewählt werden, wobei eine obere Schranke wie in Gleichung (4.2.2) abhängig von den Ableitungen des Flusses der Erhaltungsgleichung angegeben werden kann. Vernachlässigen wir dabei die Abhängigkeit von u, ist C_p als Funktion des Flusses gesehen homogen. Für den in (4.3.2) gegebenen Fluss $(\mathcal{J}\Lambda_i)^T \widetilde{\mathcal{F}}$ führt dies somit auf die Schranke

$$\sum_{k=1}^{p} \left\| \partial_u^k (\mathcal{J}\Lambda_i)^T \widetilde{\mathcal{F}}(u) \right\|_{L^\infty} = \left\| (\mathcal{J}\Lambda_i)^T \right\|_\infty \underbrace{\sum_{k=1}^{p} \left\| \partial_u^k \widetilde{\mathcal{F}}(u) \right\|_{L^\infty}}_{=:(\#)} . \tag{4.3.5}$$

Mit der Definition der Koordinatentransformation (Gleichung (3.1.6)) und einem Längenmaß h_i des Dreiecks τ_i erhalten wir

$$\left\| (\mathcal{J}\Lambda_i)^T \right\|_\infty = \frac{1}{2V_i} \max\{|x_{1,1}| + |x_{1,2}|, |x_{2,1}| + |x_{2,2}|\} \sim \frac{1}{h_i},$$

das heißt die Norm ist proportional zu $\frac{1}{h_i}$. Mögliche Längenmaße sind zum Beispiel die kürzeste Kante, der Inkreisradius oder die kürzeste Höhe eines Dreiecks. Somit ist es sinnvoll, C_p proportional zum Kehrwert des Längenmaßes zu wählen, so dass wir

$$\varepsilon_n := \frac{c}{h_i n^{2p-1}} \tag{4.3.6}$$

mit einem vom Testfall und Filterordnung abhängigen Parameter $c \in \mathbb{R}$ setzen. Dieser Parameter ist *willkürlich* gewählt und sollte idealerweise höchstens dem Wert (#) aus Gleichung (4.3.5) entsprechen. Details zur Wahl von c finden sich bei den jeweiligen Testfällen in Kapitel 6.

4.4 Problematik der adaptiven Filterung

Werden die vorgestellen modalen Filter auf dem gesamten Gebiet genutzt, kommt es aufgrund der Ordnungsreduktion zu einem Abfall der Konvergenzraten und somit einer Verschlechterung der Ergebnisse. Daher werden üblicherweise spezielle Indikatoren genutzt, die auf auftretende Oszillationen oder Unstetigkeiten in der zugrunde liegenden Lösung hinweisen. Wir stellen hier zunächst einen klassischen koeffizientenbasierten Indikator aus [4] vor, dessen Wirkweise wir bei den numerischen Testfällen in Kapitel 6 mit dem in Kapitel 5 vorgestellten Kantendetektierungsverfahren vergleichen werden.

Glattheitsindikatoren sollen möglichst genau die Stellen detektieren, an denen sich Unstetigkeiten entwickeln, so dass glatte Stellen nicht gefiltert werden. Üblicherweise wird dies durch die Modifikation der Filterstärke α_i gewährleistet, die gleich Null gesetzt wird, falls der Indikator nicht anspricht, und andernfalls der aus dem vorigen Abschnitt motivierten Filterstärke entspricht. Ein möglicher Ansatz ist dabei die Betrachtung des Verhältnisses der höchsten zu den niedrigeren Koeffizienten der Reihenentwicklung,

$$\omega_i := \sum_{\ell+m=n} \gamma_{\ell m} \left(\hat{u}_{\ell m}\right)^2 \cdot \left(\sum_{\ell+m<n} \gamma_{\ell m} \left(\hat{u}_{\ell m}\right)^2 + \varepsilon \right)^{-1}, \tag{4.4.1}$$

in jeder Zelle τ_i der Triangulierung, wobei $\varepsilon > 0$ zur Vermeidung der Division durch Null gewählt wird. Mithilfe der ω_i können nun unterschiedliche Indikatoren definiert werden, die typischerweise die Abschätzung (vergleiche [47])

$$\sum_{\ell+m=n} \gamma_{\ell m} \left(\hat{u}_{\ell m}\right)^2 \leq n^{-2p}(n+2)^{-2p} \left\| \mathcal{L}^p_{r,s}(u \circ \Lambda^{-1}) \right\|^2_{L^2} \leq \frac{C}{n^{4p}}$$

ausnutzen. Ein auch in den numerischen Ergebnissen genutzter koeffizientenbasierter Indikator, der von Barter et al. [4] basierend auf Ergebnissen von Persson et al. [52] vorgestellt wurde, kann nun als

$$s_{\text{res}} = \min\{1000(5n^4+1)\omega_i, 1\} \tag{4.4.2}$$

definiert werden. Mit dem Filter aus Gleichung (4.3.4) und Definition (4.3.6) kann die Filterung dann durch die Filterstärke

$$\alpha_{n,i} = \begin{cases} s_{\text{res}} \cdot c \cdot n \dfrac{\Delta t}{h_i}, & \text{falls } s_{\text{res}} > 0.01, \\ 0, & \text{sonst}, \end{cases}$$

gesteuert werden, das heißt die Filterung wird bei schwachen Oszillationen unterhalb eines Grenzwertes abgeschnitten. Ein ebenfalls in [4] erläuterter Sprungindikator zeigte in [51] optisch ähnliche Ergebnisse (allerdings mit stärkerem Ordnungsverlust abseits der Unstetigkeitsstellen), so dass wir uns zum Vergleich mit der späteren Kantendetektierung auf den obigen Indikator beschränken.

4.5 Modale Filter in der SDM

Das Update der klassischen und erweiterten SDM findet in den Punkten (also nodal) statt, so dass die modalen Koeffizienten in jedem Schritt, in dem sie eingesetzt werden sollen, aus den Daten bestimmt werden müssen. Dabei werden die Filterparameter p und c direkt aus einer Datei eingelesen, während das Längenmaß h_i in dieser Arbeit als die kürzeste Höhe im Dreieck τ_i definiert wurde. Als Kantenindikator nutzen wir zunächst den in Abschnitt 4.4 vorgestellten Indikator s_{res}, den wir später mit einem auf der konjugierten Partialsumme basierenden Indikator vergleichen werden. Im Fall der Euler-Gleichungen wird bei der derzeitigen Implementierung nur in der Dichte geprüft, ob eine Filterung durchgeführt werden soll, und anschließend in jeder Erhaltungsvariablen einzeln gefiltert.

Listing 4.1 Filterung

```
set_spectral_coeff();
for(tri = first_tri; tri != NULL; tri = tri->next)
{
 for(j = 0; j < N_u; j++)
 {
  coeff[j] = 0.0;
  for(k = 0; k < n_solutionpoints; k++)
   coeff[j] += trafomatrix[j][k]*tri->solutionpoints[IU][k];
 }
 flag = set_flag_via_res(tri, coeff);
 /** spaeter ersetzen: set_flag_via_konfou(tri,coeff); **/
 if(flag > 0)
 {
  for(l = 0; l < N_u; l++)
   coeff[l] *= pow(spectral_coeff[l],
                   flag*n*dt/(tri->min_height));
  for(k = 0; k < n_solutionpoints; k++)
  {
   tri->solutionpoints[IU][k] = 0.0;
   for(l = 0; l < N_u; l++)
    tri->solutionpoints[IU][k] += coeff[l]*basis_coeff[l][k];
  }
 }
}
```

Listing 4.2 set_flag_via_res(tri coeff)

```
weight1 = weight2 = eps;
for(l = 0; l<n*(n+1)/2; l++)
 weight1 += SQR(coeff[l]);
for(l = n*(n+1)/2; l < N_u; l++)
 weight2 += SQR(coeff[l]);
flag = 5000*(5*pow(n, 4)+1.0)*weight2/weight1;
/** maximaler Einfluss der Gewichte ist 1 **/
if(flag >1.0)
 flag = 1.0;
/** Filterung abschneiden **/
if(flag <0.01)
 flag =-1.0;
return flag;
```

5 Kantendetektierung mithilfe konjugierter Fourierreihen

Hyperbolische Erhaltungsgleichungen können, wie bereits in Abschnitt 2.1 erwähnt, selbst bei glatten Anfangswerten unstetige Lösungen entwickeln, die dann zu starken Oszillationen in numerischen Verfahren mit hohem Polynomgrad führen. Eine Möglichkeit diese Oszillationen zu vermindern ist der Einsatz von in Kapitel 4 vorgestellten Filtern, die jedoch nicht global, sondern nur lokal an kritischen Stellen angewandt werden sollten, so dass ein Ordnungsverlust vermieden wird. Um Kanten beziehungsweise Unstetigkeitsstellen in der zugrunde liegenden Lösung zu detektieren, können unterschiedliche Ansätze gewählt werden. Einer davon ist der in Abschnitt 4.4 vorgestellte koeffizientenbasierte Indikator s_{res}, der auf der Tatsache beruht, dass sich bei glatten Lösungen u die Koeffizienten ω_i (siehe Gleichung (4.4.1)) durch eine Schranke abschätzen lassen. Andere Glattheitsindikatoren basieren auf den Sprüngen über Elementgrenzen hinweg, wie zum Beispiel der in [4] vorgestellte Sprungindikator. In diesem Kapitel soll ein Ansatz basierend auf konjugierten Fourierreihen untersucht und auf zwei Dimensionen erweitert werden. Dafür wird in Abschnitt 5.1 zunächst ein älteres Theorem von Lukács zitiert, das besagt, dass die Partialsummen der konjugierten Fourierreihe einer Funktion f punktweise gegen ihre Sprunghöhe konvergieren. Bei der Erweiterung in zwei Raumdimensionen sind mehrere konjugierte Ansätze möglich: Die Betrachtung bezüglich einer Variablen, die analog zum eindimensionalen Fall die Konvergenz gegen die Sprunghöhe liefert, und Partialsummen in zwei Variablen, für die ein von Móricz postuliertes Konvergenzresultat gegen die Sprünge in den gemischten partiellen Ableitungen besteht. Nachteil der konjugierten Partialsummen ist ihre langsame Konvergenzrate, so dass in Abschnitt 5.2 ein von Gelb und Tadmor erweiterter Ansatz der Partialsummen mit sogenannten Konzentrationskernen vorgestellt wird. Der Gebrauch dieser verallgemeinerten konjugierten Partialsummen führt zu einer schnelleren Konvergenz abseits der Unstetigkeitsstellen, so dass Sprünge schon mit weniger Fourierkoeffizienten effizient erkannt werden können. Für diskret vorliegende Daten folgt ein analoges Resultat in Abschnitt 5.3.1 sowie in zwei Dimensionen bei Betrachtung der Partialsummen in einer Variablen. In Abschnitt 5.3.2 beweisen wir die Konzentrationseigenschaft nun auch für konjugierte Partialsummen in zwei Variablen sowohl für exakte als auch diskrete Fourierkoeffizienten. Um im Kontext numerischer modaler Verfahren oder sonstiger Verwendung der modalen Koeffizienten (zum Beispiel für eine darauffolgende Filterung) eine schnellere Bestimmung der Fourierkoeffizienten zu erhalten, liefert Abschnitt 5.4 eine direkte Berechnungsmöglichkeit aus den PKD-Koeffizienten. Schließlich sind in Abschnitt 5.5 numerische Testfälle zur neuen zweidimensionalen Kantendetektierung zu finden.

In diesem Kapitel bezeichnet $L^p(\Omega)$ den Raum der p-fach Lebesgue-integrierbaren Funktionen auf $\Omega \subseteq \mathbb{R}$.

5.1 Konjugierte Fourierreihen

Dieser Abschnitt behandelt zunächst einige Grundlagen im Bereich der Fourierreihen, die insbesondere in den Abschnitten 5.2 und 5.3 der Kantendetektierung benötigt werden. Dabei folgen wir weitestgehend dem Standardwerk [77].

5.1.1 Relevante Resultate in einer Raumdimension

Wir starten in diesem Abschnitt zunächst mit dem klassischen Ansatz einer allgemeinen trigonometrischen Reihe.

Definition 5.1.1. Eine Reihe der Form

$$\frac{1}{2}a_0 + \sum_{k=1}^{\infty}(a_k \cos(kx) + b_k \sin(kx)) \tag{5.1.1}$$

heißt **trigonometrische Reihe**. Die Reihe

$$\sum_{k=1}^{\infty}(a_k \sin(kx) - b_k \cos(kx)) \tag{5.1.2}$$

heißt **konjugierte Reihe** zu (5.1.1).

Da Cosinus und Sinus 2π-periodische Funktionen sind, genügt es trigonometrische Reihen in einem Intervall der Länge 2π zu betrachten, wobei typischerweise $[-\pi, \pi)$ oder $[0, 2\pi)$ gewählt wird.

Bemerkung 5.1.2. (5.1.1) ist der Realteil und (5.1.2) der Imaginärteil der Potenzreihe

$$\frac{1}{2}a_0 + \sum_{k=1}^{\infty}(a_k - \mathrm{i}b_k)\mathrm{e}^{ikx}.$$

Häufig betrachten wir lediglich endliche Partialsummen, die auch als trigonometrische Polynome bezeichnet werden. Starten wir beim endlichen Analogon von Gleichung (5.1.1) und ersetzen Cosinus und Sinus mithilfe der Euler'schen Identität, erhalten wir

$$\begin{aligned}\frac{1}{2}a_0 + &\sum_{k=1}^{n}\left(a_k \cdot \frac{1}{2}\left(\mathrm{e}^{ikx} + \mathrm{e}^{-ikx}\right) + b_k \cdot \frac{1}{2}\left(\mathrm{e}^{-ikx} - \mathrm{e}^{ikx}\right)\right) \\ &= \frac{1}{2}a_0 + \frac{1}{2}\sum_{k=1}^{n}\left((a_k - \mathrm{i}b_k)\mathrm{e}^{ikx} + (a_k + \mathrm{i}b_k)\mathrm{e}^{-ikx}\right).\end{aligned} \tag{5.1.3}$$

Definieren wir nun negative Laufindizes durch

$$a_{-k} = a_k, \quad b_{-k} = -b_k,$$

also insbesondere $b_0 = 0$, entspricht (5.1.3) der *symmetrischen* n-ten Partialsumme der Reihe

$$\sum_{k=-\infty}^{\infty} c_k \mathrm{e}^{\mathrm{i}kx} \tag{5.1.4}$$

mit Koeffizienten $c_k = \frac{1}{2}(a_k - \mathrm{i}b_k)$. Analog entspricht die konjugierte Reihe (5.1.2) dem Ausdruck

$$-\mathrm{i} \sum_{k=-\infty}^{\infty} \operatorname{sgn}(k) c_k \mathrm{e}^{\mathrm{i}kx}, \tag{5.1.5}$$

wobei die Signumfunktion wie üblich definiert ist als

$$\operatorname{sgn}(k) = \begin{cases} 1, & k > 0, \\ 0, & k = 0, \\ -1, & k < 0. \end{cases}$$

Zu bemerken ist, dass $\{\mathrm{e}^{\mathrm{i}kx} \mid k \in \mathbb{Z}\}$ beziehungsweise $\{\frac{1}{2}, \cos x, \sin x, \cos 2x, \sin 2x, \ldots\}$ jeweils ein vollständiges Orthogonalsystem des $L^2(Q)$, $Q := [-\pi, \pi)$, bezüglich des Skalarproduktes

$$\langle \varphi_n, \varphi_m \rangle = \int_Q \varphi_n(x) \overline{\varphi_m}(x) \, \mathrm{d}x$$

mit $\|\varphi_n\|^2 = 2\pi$ bilden[1]. Wir betrachten nun die Reihenentwicklung einer Funktion $f \in L^1(Q)$ bezüglich dieser Basis und geben folgende Definition.

Definition 5.1.3. Wir bezeichnen die Reihe aus Gleichung (5.1.4) mit den Koeffizienten

$$c_k = \hat{\mathfrak{f}}_k := \frac{1}{2\pi} \int_{-\pi}^{\pi} f(t) \mathrm{e}^{-\mathrm{i}kt} \, \mathrm{d}t$$

als **komplexe Fourierreihe** von f, geschrieben $\mathfrak{S}(f)$. Die Partialsummen schreiben wir als

$$\mathfrak{S}_n(f)(x) = \sum_{|k| \leq n} \hat{\mathfrak{f}}_k \mathrm{e}^{\mathrm{i}kx}$$

und nennen die Koeffizienten $\hat{\mathfrak{f}}_k$ **Fourierkoeffizienten** von f. Analog bezeichnet

$$\widetilde{\mathfrak{S}}(f)(x) = -\mathrm{i} \sum_{k=-\infty}^{\infty} \operatorname{sgn}(k) \hat{\mathfrak{f}}_k \mathrm{e}^{-\mathrm{i}kx}$$

die **konjugierte Fourierreihe** von f an der Stelle x.

[1] Es kann auch jedes andere Intervall Q der Länge 2π gewählt werden. Die Norm ist die vom Skalarprodukt induzierte Norm.

Aufgrund der Äquivalenz der Reihen (5.1.1) und (5.1.4) nennt man die Reihe (5.1.1) ebenfalls Fourierreihe von f, wobei hier die Koeffizienten durch

$$a_k = c_k + c_{-k} = \frac{1}{\pi}\int_{-\pi}^{\pi} f(t)\cos(kt)\mathrm{d}t, \quad b_k = \mathrm{i}(c_k - c_{-k}) = \frac{1}{\pi}\int_{-\pi}^{\pi} f(t)\sin(kt)\mathrm{d}t, \tag{5.1.6}$$

bestimmt werden können.

Bemerkung 5.1.4. Die n-te Partialsumme der konjugierten Fourierreihe lässt sich als Faltung

$$\widetilde{\mathfrak{S}}_n(f)(x) = f * \frac{1}{\pi}\widetilde{D}_n(x) = \frac{1}{\pi}\int_{-\pi}^{\pi} f(t)\widetilde{D}_n(x-t)\,\mathrm{d}t \tag{5.1.7}$$

mit dem **konjugierten Dirichlet-Kern**

$$\widetilde{D}_n(t) = \frac{\cos\left(\frac{t}{2}\right) - \cos\left((n+\frac{1}{2})t\right)}{2\sin\left(\frac{t}{2}\right)} \tag{5.1.8}$$

darstellen.

Beweis: Ausgehend von der konjugierten Fourierreihe (5.1.2) mit Koeffizienten (5.1.6), erhalten wir für die n-te Partialsumme

$$\begin{aligned}
\mathfrak{S}_n(f)(x) &= \sum_{k=1}^{n}\left(\frac{1}{\pi}\int_{-\pi}^{\pi} f(t)\cos(kt)\,\mathrm{d}t\sin(kx) - \frac{1}{\pi}\int_{-\pi}^{\pi} f(t)\sin(kt)\,\mathrm{d}t\cos(kx)\right)\\
&= \frac{1}{\pi}\int_{-\pi}^{\pi} f(t)\sum_{k=1}^{n}\left(\cos(kt)\sin(kx) - \sin(kt)\cos(kx)\right)\,\mathrm{d}t\\
&= \frac{1}{\pi}\int_{-\pi}^{\pi} f(t)\underbrace{\sum_{k=1}^{n}\sin\left(k(x-t)\right)}_{=\widetilde{D}_n(x-t)}\,\mathrm{d}t.
\end{aligned}$$

Mit der Identität (vergleiche [76])

$$\sum_{k=1}^{n}\sin(kt) = \frac{\cos\left(\frac{t}{2}\right) - \cos\left((n+\frac{1}{2})t\right)}{2\sin\left(\frac{t}{2}\right)}$$

folgt die Behauptung. □

Bei solchen Reihenentwicklungen stellt sich sogleich die Frage, ob diese Reihen gegen die Funktion f oder überhaupt konvergieren, insbesondere da wir an f lediglich die Forderung der Integrierbarkeit stellen. In diesem Zusammenhang gibt es zahlreiche Resultate, die zum Beispiel in [76] zu finden sind. Zwei der für uns wichtigsten Eigenschaften liefern die folgenden Sätze von Dirichlet beziehungsweise Lukács.

Satz 5.1.5 (Dirichlet). *Sei $f : [-\pi, \pi) \to \mathbb{R}$ eine stückweise stetige und stückweise monotone Funktion mit endlich vielen Unstetigkeitsstellen 1. Art, das heißt der links- und rechtsseitige Grenzwert $f(x_0+)$, $f(x_0-)$ existiert für alle Unstetigkeitsstellen x_0. Dann konvergiert die Fourierreihe von f punktweise und es gilt*

$$\mathfrak{S}(f)(x) = \begin{cases} f(x), & f \text{ stetig in } x, \\ \dfrac{f(x+) - f(x-)}{2}, & f \text{ unstetig in } x. \end{cases}$$

Beweis: [12]. □

Satz 5.1.6 (Lukács). *Sei $f \in L^1(Q)$, $x \in Q = [-\pi, \pi)$ und $\psi_x(f;t) := f(x+t) - f(x-t)$. Existiert der Grenzwert $\lim_{t \to 0^+} \psi_x(f;t) =: d_x(f)$, dann folgt*

$$\lim_{m \to \infty} -\frac{\widetilde{\mathfrak{S}}_m(f)(x)}{\ln(m)} = \frac{d_x(f)}{\pi}. \tag{5.1.9}$$

Beweis: [40], wobei Lukács die konjugierte Reihe als $-\widetilde{\mathfrak{S}}(f)$ definiert. □

Satz 5.1.6 besagt nicht anderes als

$$f * \frac{-1}{\ln(m)} \widetilde{D}_n(x) \overset{m \to \infty}{\longrightarrow} d_x(f), \tag{5.1.10}$$

das heißt die linke Seite von (5.1.10) konvergiert gegen die Sprunghöhe der Funktion f in x (insbesondere gegen Null an stetigen Stellen). Dieses Verhalten bezeichnet man auch als **Konzentrationseigenschaft**. Während Satz 5.1.5 also die Konvergenz gegen die Funktion f an Stetigkeitsstellen garantiert, aber keine hilfreiche Aussage über Unstetigkeitsstellen macht, gibt der Satz von Lukács sowohl den Ort als auch die Höhe des Sprunges an Unstetigkeitsstellen an. Diesen Zusammenhang werden wir im Kapitel 5.2 für die Detektierung von Unstetigkeitsstellen nutzen und zur Verbesserung der Konvergenzgeschwindigkeit erweitern.

5.1.2 Erweiterung auf zwei Raumdimensionen

Wie im Fall einer Raumdimension können wir jetzt trigonometrische Reihen in zwei Variablen betrachten, die allgemein definiert sind als

$$\begin{aligned} \sum_{m=0}^{\infty} \sum_{n=0}^{\infty} \lambda_{mn} \, (a_{mn} \cos mx \cos ny + b_{mn} \sin mx \cos ny \\ + d_{mn} \cos mx \sin ny + h_{mn} \sin mx \sin ny) \end{aligned} \tag{5.1.11}$$

mit

$$\lambda_{mn} := \begin{cases} \frac{1}{4}, & m = n = 0, \\ \frac{1}{2}, & m = 0, n > 0 \text{ oder } m > 0, n = 0, \\ 1, & m > 0, n > 0. \end{cases}$$

Analog zum eindimensionalen Fall[2] kann hierzu eine symmetrische komplexe Reihe der Form

$$\sum_{m=-\infty}^{\infty} \sum_{n=-\infty}^{\infty} c_{mn} \mathrm{e}^{\mathrm{i}(mx+ny)} \tag{5.1.12}$$

mit $c_{mn} = c_{|m||n|}$ und $c_{mn} = \frac{\lambda_{mn}}{4}(a_{mn} - h_{mn} - i(d_{mn} + b_{mn}))$ für $m \geq 0$, $n \geq 0$ definiert werden. Nun fassen wir Gleichung (5.1.12) wieder als Reihenentwicklung einer Funktion $f : Q^2 \to \mathbb{R}$ zur komplexen Exponentialfunktion auf, wobei

$$Q^2 := \{(x,y) \in \mathbb{R}^2 \mid -\pi \leq x < \pi, -\pi \leq y < \pi\}.$$

Definition 5.1.7. Sei $f \in L^1(Q^2)$. Die zweidimensionale (komplexe) **Fourierreihe** von f ist gegeben durch

$$\mathfrak{S}(f)(x,y) = \sum_{(j,k)\in\mathbb{Z}^2} \hat{\mathfrak{f}}_{jk} \mathrm{e}^{\mathrm{i}(jx+ky)} \tag{5.1.13}$$

mit Fourierkoeffizienten

$$\hat{\mathfrak{f}}_{jk} = \frac{1}{4\pi^2} \int_{-\pi}^{\pi} \int_{-\pi}^{\pi} f(u,v) \mathrm{e}^{-\mathrm{i}(ju+kv)} \, \mathrm{d}u \, \mathrm{d}v. \tag{5.1.14}$$

Im Gegensatz zum eindimensionalen Fall kann die konjugierte Fourierreihe nicht mehr als Imaginärteil einer Potenzreihe hergeleitet werden, so dass man formal drei Arten einer konjugierten Fourierreihe definieren kann:

(a) konjugiert bezüglich der ersten Variablen

$$\widetilde{\mathfrak{S}}^x f(x,y) = -\mathrm{i} \sum_{(j,k)\in\mathbb{Z}^2} \operatorname{sgn}(j) \, \hat{\mathfrak{f}}_{jk} \mathrm{e}^{\mathrm{i}(jx+ky)},$$

(b) konjugiert bezüglich der zweiten Variablen

$$\widetilde{\mathfrak{S}}^y f(x,y) = -\mathrm{i} \sum_{(j,k)\in\mathbb{Z}^2} \operatorname{sgn}(k) \, \hat{\mathfrak{f}}_{jk} \mathrm{e}^{\mathrm{i}(jx+ky)},$$

(c) konjugiert bezüglich beider Variablen

$$\widetilde{\mathfrak{S}} f(x,y) := \sum_{(j,k)\in\mathbb{Z}^2} \mathrm{i} \operatorname{sgn}(j) \, \mathrm{i} \operatorname{sgn}(k) \, \hat{\mathfrak{f}}_{jk} \mathrm{e}^{\mathrm{i}(jx+ky)}, \tag{5.1.15}$$

die wir im weiteren Verlauf als *die* konjugierte Fourierreihe von f bezeichnen werden.

[2]Dabei werden die Koeffizienten der Reihe (5.1.11) wieder passend zu Cosinus/Sinus gerade bzw. ungerade für negative Laufindizes erweitert, d.h. $a_{(-m)n} = a_{mn}$, $d_{m(-n)} = -d_{mn}$ etc.

Analog schreiben wir die Partialsummen der konjugierten Fourierreihe bezüglich beider Variablen als

$$\widetilde{\mathfrak{S}}_{mn}f(x,y) = -\sum_{j=-m}^{m}\sum_{k=-n}^{n} \operatorname{sgn}(j)\operatorname{sgn}(k)\,\hat{\mathfrak{f}}_{jk}\mathrm{e}^{\mathrm{i}(jx+ky)}.$$

Die Frage ist nun, ob auch die Partialsummen in zwei Raumdimensionen eine Konzentrationseigenschaft wie im Satz von Lukács besitzen. Für Partialsummen bezüglich einer Variablen lässt sich folgender Satz beweisen.

Satz 5.1.8. *Sei f stückweise stetig bis auf endlich viele Unstetigkeitsstellen 1. Art. Bezeichnet $\widetilde{\mathfrak{S}}^x_{mn}f$ die konjugierte Partialsumme bezüglich der ersten Variable, dann gilt*

$$\lim_{m,n\to\infty}\frac{-\pi}{\ln(m)}\widetilde{\mathfrak{S}}^x_{mn}f(x,y) = \lim_{t\to 0}\big(f(x+t,y)-f(x-t,y)\big) =: d_x(f;y).$$

Entsprechend erfüllt die Partialsumme bezüglich der zweiten Variable

$$\lim_{m,n\to\infty}\frac{-\pi}{\ln(n)}\widetilde{\mathfrak{S}}^y_{mn}f(x,y) = \lim_{s\to 0}\big(f(x,y+s)-f(x,y-s)\big) =: d_y(f;x).$$

Beweis: Wir zeigen die Eigenschaft für die konjugierte Partialsumme bezüglich der ersten Variable, der zweite Beweis läuft dann analog. Mit der Definition der Partialsumme und den Fourierkoeffizienten aus Gleichung (5.1.14) folgt

$$\begin{aligned}
&\lim_{m,n\to\infty}\frac{-\pi}{\ln(m)}\widetilde{\mathfrak{S}}^x_{mn}f(x,y)\\
&= \lim_{m,n\to\infty}\frac{\pi}{\ln(m)}\mathrm{i}\sum_{j=-m}^{m}\sum_{k=-n}^{n}\operatorname{sgn}(j)\,\hat{\mathfrak{f}}_{jk}\mathrm{e}^{\mathrm{i}(jx+ky)}\\
&= \sum_{k=-n}^{n}\frac{1}{2\pi}\int_{-\pi}^{\pi}\underbrace{\left(\frac{\pi}{\ln(m)}\mathrm{i}\sum_{j=-m}^{m}\operatorname{sgn}(j)\left(\frac{1}{2\pi}\int_{-\pi}^{\pi}f(u,v)\mathrm{e}^{-\mathrm{i}ju}\,\mathrm{d}u\right)\mathrm{e}^{\mathrm{i}jx}\right)\mathrm{e}^{-\mathrm{i}kv}}_{=:(1)}\,\mathrm{d}v\,\mathrm{e}^{\mathrm{i}ky}.
\end{aligned}$$

In der inneren Klammer stehen nichts anderes als die Fourierkoeffizienten einer von u abhängigen Funktion für festes v, so dass der Ausdruck (1) der mit $\frac{-\pi}{\ln(m)}$ multiplizierten konjugierten Partialsumme (bezüglich der ersten Variable für festes v) entspricht. Der Satz von Lukács liefert dann

$$\lim_{m\to\infty}(1) = \lim_{t\to 0}\big(f(x+t,v)-f(x-t,v)\big).$$

Eingesetzt erhalten wir damit

$$\begin{aligned}
&\lim_{m,n\to\infty}\frac{-\pi}{\ln(m)}\widetilde{\mathfrak{S}}^x_{mn}f(x,y)\\
&= \lim_{t\to 0}\left(\lim_{n\to\infty}\sum_{k=-n}^{n}\left(\frac{1}{2\pi}\int_{-\pi}^{\pi}f(x+t,v)\mathrm{e}^{-\mathrm{i}kv}\,\mathrm{d}v\right)\mathrm{e}^{\mathrm{i}ky}\right.\\
&\qquad\left.-\lim_{n\to\infty}\sum_{k=-n}^{n}\left(\frac{1}{2\pi}\int_{-\pi}^{\pi}f(x-t,v)\mathrm{e}^{-\mathrm{i}kv}\,\mathrm{d}v\right)\mathrm{e}^{\mathrm{i}ky}\right).
\end{aligned}$$

Hier stehen in den inneren Klammern die Fourierkoeffizienten einer von v abhängigen Funktion f für festes $x \pm t$, das heißt die Summanden entsprechen Fourierreihen bezüglich der zweiten Variable für festes $x \pm t$. Mit der Konvergenzeigenschaft der Fourierreihe (vergleiche Satz 5.1.5) folgt

$$\lim_{m,n\to\infty} \frac{-\pi}{\ln(m)} \widetilde{\mathfrak{S}}^x_{mn} f(x,y) = \lim_{t\to 0} (f(x+t,y) - f(x-t,y)) = d_x(f;y). \qquad \square$$

Für Partialsummen $\widetilde{\mathfrak{S}}_{mn}(f)$ der konjugierten Fourierreihe aus (5.1.15) konnte Ferenc Móricz das in einer Raumdimension geltende Theorem 5.1.6 erweitern.

Satz 5.1.9 (Móricz). *Sei $f \in L^1(Q^2)$, $(x,y) \in Q^2$ und*

$$\psi_{xy}(f;u,v) := f(x-u,y-v)+f(x+u,y+v)-(f(x+u,y-v)+f(x-u,y+v)). \quad (5.1.16)$$

Existiert eine reelle Zahl $d_{xy}(f)$, so dass für

$$\Psi(h,k) := \int_0^h \int_0^k |\psi_{xy}(f;u,v) - d_{xy}(f)| \,\mathrm{d}u\,\mathrm{d}v$$

sowohl

$$\lim_{h,k\to 0^+} \frac{\Psi(h,k)}{hk} = 0$$

als auch

$$\Psi(h,k) \le C \min\{h,k\}, \quad 0 < h,k \le \pi,$$

für eine Konstante $C \in \mathbb{R}$ gilt, dann folgt

$$\lim_{m,n\to\infty} \frac{\widetilde{\mathfrak{S}}_{mn}(f;x,y)}{\ln(m)\ln(n)} = \frac{d_{xy}(f)}{\pi^2}. \quad (5.1.17)$$

Beweis: [49]. $\square$

Mit der üblichen Definition der partiellen Ableitung ist

$$\frac{\partial^2 f}{\partial x \partial y}(x,y) = \lim_{u\to 0}\lim_{v\to 0} \frac{\psi_{xy}(f;u,v)}{4uv},$$

so dass uns Satz 5.1.9 Auskunft über den Sprung in den gemischten partiellen Ableitungen der Funktion f gibt. Weiterhin sei angemerkt dass Sprünge, bei denen die gemischten partiellen Ableitungen verschwinden, nicht detektiert werden, insbesondere also alle Unstetigkeitsbereiche, die parallel zur x- oder y-Achse verlaufen. Für diesen Fall kann man jedoch die zwei anderen Ansätze der konjugierten Fourierreihe betrachten, die jeweils nur Unstetigkeitsstellen in x- beziehungsweise y-Richtung detektieren können, und somit eine möglichst gute Auflösung der Sprungstelle erhalten.

Analog zum eindimensionalen Fall lässt sich die konjugierte Partialsumme in zwei Variablen ebenfalls als Faltung darstellen (vergleiche [77]).

Bemerkung 5.1.10. Die Partialsumme der konjugierten Fourierreihe in zwei Variablen lässt sich als Faltung

$$\widetilde{\mathfrak{S}}_{mn}(f)(x,y) = f * \frac{1}{\pi^2}\widetilde{D}_{mn}(x,y) = \frac{1}{\pi^2}\int_{-\pi}^{\pi}\int_{-\pi}^{\pi} f(u,v)\widetilde{D}_m(x-u)\widetilde{D}_n(y-v)\,du\,dv$$

mit $\widetilde{D}_{mn}(x,y) := \widetilde{D}_m(x)\widetilde{D}_n(y)$ und konjugierten Dirchlet-Kernen $\widetilde{D}_m$, $\widetilde{D}_n$ wie in Gleichung (5.1.8) schreiben.

5.2 Kantendetektierung in einer Dimension

Um das in Abschnitt 5.1 gegebene Theorem von Lukács zur Kantendetektierung nutzen zu können, sollte praktisch gesehen eine schnelle Konvergenz gegen $d_x(f)$ eintreten. Leider lässt sich bereits an einfachen Beispielen einsehen, dass die Konvergenzrate schlecht ist (nämlich nur $\mathcal{O}\left(\frac{1}{\ln(n)}\right)$ beträgt, wie wir später sehen werden).

Beispiel 5.2.1. Die Abbildungen 5.1 und 5.2 zeigen die Partialsumme beziehungsweise konjugierte Partialsumme der Fourierreihe von

$$f(x) = \begin{cases} \sin\left(\dfrac{x+\pi}{2}\right), & -\pi \le x < 0, \\ \sin\left(\dfrac{3x-\pi}{2}\right), & 0 \le x \le \pi, \end{cases}$$

die bis auf einen Sprung in $x_0 = 0$ der Höhe $d_0(f) = -2$ stetig ist. Für diese Funktion lassen sich nach einigen Umformungen und Identitäten der trigonometrischen Funktionen die exakten Fourierkoeffizienten

$$\begin{aligned} a_k &= \frac{(-1)^k}{\pi}\left(\frac{2}{1-4k^2} + \frac{6}{9-4k^2}\right), \\ b_k &= \frac{4k}{\pi}\left(\frac{1}{1-4k^2} + \frac{1}{9-4k^2}\right) \end{aligned}$$

bestimmen. Zwar ist die Konvergenz der Partialsummen gegen die Sprunghöhe der Funktion sichtbar, doch müssen erst viele Fourierkoeffizienten bestimmt werden, um eine deutliche Konvergenz der Funktion gegen Null bis auf die Unstetigkeitsstellen erkennen zu können.

5.2.1 Resultate für exakte Fourierkoeffizienten

Wir haben bereits in Gleichung (5.1.7) gesehen, dass die konjugierten Partialsummen auch als Faltung der Funktion f mit dem konjugierten Dirichlet-Kern dargestellt werden können. Aufgrund dieses Zusammenhangs sahen Gelb und Tadmor die Möglichkeit einer Konvergenzverbesserung durch die Wahl anderer geeigneter Kerne anstelle von $\widetilde{D}_n$.

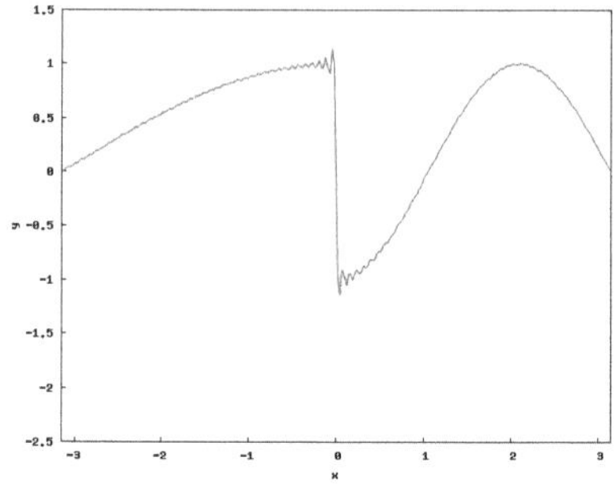

Abbildung 5.1 Partialsumme der Funktion f, $n = 40$.

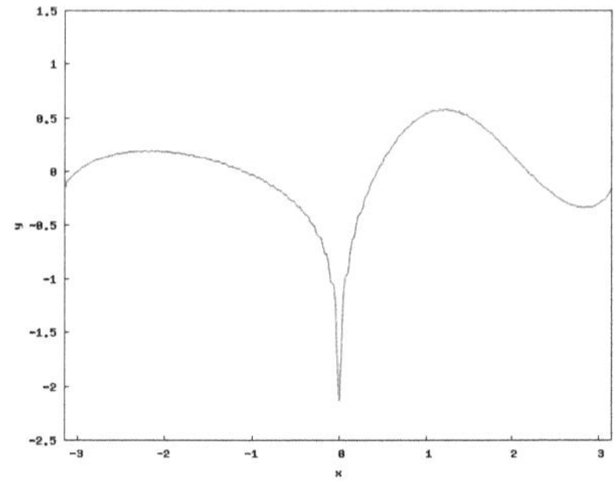

Abbildung 5.2 Konjugierte Partialsumme von f, $n = 40$.

Definition 5.2.2. Ein konjugierter Kern $\widetilde{K}_n : [-\pi, \pi] \to \mathbb{R}$ heißt **zulässiger Kern**, wenn er folgende Eigenschaften erfüllt:

(a) $\widetilde{K}_n$ ist ungerade,

(b) $\lim\limits_{n\to\infty} \int_0^\pi \widetilde{K}_n(x)\,\mathrm{d}x = -1$,

(c) $\widetilde{K}_n(x) = c \cdot \dfrac{\cos\left((n+\frac{1}{2})x\right)}{2\pi\sin\left(\frac{x}{2}\right)} + \widetilde{R}_n(x)$ mit $\left\|\widetilde{R}_n(x)\right\|_{L^1} \leq 1$,

(d) für alle $\delta > 0$ ist $\lim\limits_{n\to\infty} \sup\limits_{|x|>\delta>0} \left|\widetilde{R}_n(x)\right| = 0$.

Bemerkung 5.2.3. Der skalierte Dirichlet-Kern $\widetilde{D}_n^* := \dfrac{-1}{\ln(n)}\widetilde{D}_n$ ist mit $c = 0$ und $\widetilde{R}_n(x) = \dfrac{-1}{\ln(n)}\widetilde{D}_n(x)$ ein zulässiger Kern.

Definition 5.2.4. Eine Funktion $f : [-\pi, \pi] \to \mathbb{R}$ heißt **stückweise glatt**, wenn sie nur endlich viele Unstetigkeitsstellen 1. Art (auch als **Sprungunstetigkeitsstellen** bezeichnet) besitzt und für alle $x \in [-\pi, \pi]$

$$\frac{f(x+h) - f(x-h) - d_x(f)}{h} \in L^1[0, \pi]$$

(als Funktion in h) gilt.

Diese Voraussetzungen bringen uns zum Satz über die Konvergenz verallgemeinerter konjugierter Partialsummen von Gelb und Tadmor [20].

Satz 5.2.5. *Sei f eine stückweise glatte Funktion und $J := \{\xi \mid d_\xi(f) \neq 0\}$ die Menge der Sprungunstetigkeitsstellen. Ferner sei $\widetilde{K}_n$ ein zulässiger Kern und*

$$\widetilde{\mathfrak{S}}_n^K f(x) := f * \widetilde{K}_n(x) = \int_{-\pi}^{\pi} f(t)\widetilde{K}_n(x-t)\,\mathrm{d}t \tag{5.2.1}$$

*die **verallgemeinerte konjugierte Partialsumme**. Dann gilt*

$$\widetilde{\mathfrak{S}}_n^K f(x) \to d_x(f)\delta_J(x) = \begin{cases} d_\xi(f), & x = \xi \in J, \\ 0, & \textit{sonst.} \end{cases}$$

Die verallgemeinerte konjugierte Partialsumme besitzt also ebenfalls die Konzentrationseigenschaft.

Blicken wir zurück auf die konjugierten Partialsummen, so kann eine Verallgemeinerung statt über die Wahl anderer Kerne auch durch die Modifikation der Reihenentwicklung durchgeführt werden. Seien dazu reelle Zahlen $\sigma_{k,n}$ als sogenannte **Konzentrationsfaktoren** gewählt. Unter welchen Voraussetzungen besitzt dann die verallgemeinerte konjugierte Partialsumme

$$\widetilde{\mathfrak{S}}_n^\sigma f(x) = \sum_{k=1}^{n} \sigma_{k,n} \left(a_k \sin(kx) - b_k \cos(kx)\right) \tag{5.2.2}$$

die Konzentrationseigenschaft $\widetilde{\mathfrak{S}}_n^\sigma f(x) \to d_x(f)\delta_\xi(x)$ für Funktionen f mit einer Sprungunstetigkeitsstelle ξ?

Definieren wir $\sigma_{k,n}^* := \dfrac{-\pi}{\ln(n)}$, folgt sofort

$$\widetilde{\mathfrak{S}}_n^{\sigma^*} f(x) = \sigma_{k,n}^* \widetilde{\mathfrak{S}}_n f(x) = f * \frac{-1}{\ln(n)} \widetilde{D}_n(x) = \widetilde{\mathfrak{S}}_n^{D^*} f(x),$$

das heißt der skalierte Dirichlet-Kern $\widetilde{D}_n^*$ und die Konzentrationsfaktoren $\sigma_{k,n}^*$ erzeugen dieselbe Partialsumme. Dies lässt sich auch für den allgemeineren Fall eines Konzentrationsfaktors[3] σ mit $\sigma_{k,n} = \sigma\left(\dfrac{k}{n}\right)$ zeigen.

Lemma 5.2.6. *Sei $\sigma = \sigma_n : [0,1] \to \mathbb{R}$ mit $\sigma_{k,n} := \sigma\left(\dfrac{k}{n}\right)$ und f eine L^1-Funktion mit einer Sprungunstetigkeitsstelle ξ. Dann gilt*

$$\widetilde{\mathfrak{S}}_n^\sigma f(x) = \widetilde{\mathfrak{S}}_n^K f(x) \tag{5.2.3}$$

mit

$$\widetilde{K}_n(x) = \frac{1}{\pi} \sum_{k=1}^{n} \sigma\left(\frac{k}{n}\right) \sin(kx). \tag{5.2.4}$$

Beweis: Ähnlich wie im Beweis von Bemerkung 5.1.4 folgt

$$\begin{aligned} \widetilde{\mathfrak{S}}_n^\sigma f(x) &= \sum_{k=1}^{n} \sigma\left(\frac{k}{n}\right) \left(a_k \sin(kx) - b_k \cos(kx)\right) \\ &= \int_{-\pi}^{\pi} f(t) \sum_{k=1}^{n} \sigma\left(\frac{k}{n}\right) \sin\left(k(x-t)\right)\, \mathrm{d}t \\ &= \int_{-\pi}^{\pi} f(t) \widetilde{K}_n(x-t)\, \mathrm{d}t = f * \widetilde{K}_n(x) = \widetilde{\mathfrak{S}}_n^K f(x) \end{aligned}$$

und damit die Behauptung. □

[3] Wir nennen der Einfachheit halber sowohl die Funktion σ als auch ihre diskreten Werte $\sigma_{k,n}$ Konzentrationsfaktor.

Korollar 5.2.7. *Mit* $\sin(kx) = \frac{\mathrm{i}}{2}\left(\mathrm{e}^{-\mathrm{i}kx} - \mathrm{e}^{\mathrm{i}kx}\right)$ *folgt*

$$\widetilde{K}_n(x) = \frac{\mathrm{i}}{2\pi}\sum_{k=1}^{n} \sigma\left(\frac{k}{n}\right)\left(\mathrm{e}^{-\mathrm{i}kx} - \mathrm{e}^{\mathrm{i}kx}\right) = -\frac{\mathrm{i}}{2\pi}\sum_{k=-n}^{n} \operatorname{sgn}(k)\,\sigma\left(\frac{|k|}{n}\right)\mathrm{e}^{\mathrm{i}kx}. \tag{5.2.5}$$

Im Fall der komplexen Schreibweise der konjugierten Partialsumme nehmen wir analog $\sigma_{k,n} = \sigma\left(\frac{|k|}{n}\right)$, das heißt

$$\widetilde{\mathfrak{S}}_n^\sigma f(x) = -\mathrm{i}\sum_{k=-n}^{n} \operatorname{sgn}(k)\,\sigma\left(\frac{|k|}{n}\right)\hat{\mathfrak{f}}_k \mathrm{e}^{\mathrm{i}kx}.$$

Beispiel 5.2.8. Für $p \in \mathbb{N}$ liefern die polynomiellen Konzentrationsfunktionen $\sigma^p(x) = -p\pi x^p$ zulässige Konzentrationskerne der Form

$$\widetilde{K}_n(x) = -p\sum_{k=1}^{n}\left(\frac{k}{n}\right)^p \sin(kx).$$

Nun stellt sich die Frage, welche Anforderungen an die Funktion σ gestellt werden müssen, damit $\widetilde{K}_n$ ein zulässiger konjugierter Kern ist und somit $\widetilde{\mathfrak{S}}_n^\sigma f$ die Konzentrationseigenschaft besitzt. In [20] wurden dafür folgende Kriterien hergeleitet[4] und zusätzlich eine Abschätzung der verallgemeinerten konjugierten Partialsumme bewiesen.

Satz 5.2.9. *Sei* $\sigma : [0,1] \to \mathbb{R}$ *eine* $\mathcal{C}^2$*-Funktion mit* $\left|\sigma\left(\frac{1}{n}\right)\right| \le \text{const} \cdot \frac{1}{\ln(n)}$ *und*

$$\int_{\frac{1}{n}}^{1} \frac{\sigma(x)}{x}\,\mathrm{d}x \overset{n\to\infty}{\longrightarrow} -\pi,$$

sowie

$$\sum_{j=1}^{n} \frac{\left|\sigma\left(\frac{j}{n}\right)\right|}{j^2} \overset{n\to\infty}{\longrightarrow} 0.$$

Dann ist der zugehörige konjugierte Kern $\widetilde{K}_n$ *aus Gleichung* (5.2.4) *zulässig, das heißt* $\widetilde{\mathfrak{S}}_n^\sigma = f * \widetilde{K}_n$ *besitzt die Konzentrationseigenschaft*

$$\widetilde{\mathfrak{S}}_n^\sigma f(x) \overset{n\to\infty}{\longrightarrow} d_x(f)$$

für jede stückweise glatte Funktion f*. Ist* f *außerdem stückweise* $\mathcal{C}^2$ *und* x *ein Punkt aus diesen Intervallen, gilt die Abschätzung*

$$\left|\widetilde{\mathfrak{S}}_n^\sigma f(x)\right| \le \text{const} \cdot \left(\frac{\ln(n)}{n} + \left|\sigma\left(\frac{1}{n}\right)\right|\right). \tag{5.2.6}$$

[4] In späteren Arbeiten von Gelb et al., vergleiche [22], wurden die Kriterien aufgrund einer geänderten Definition der konjugierten Partialsumme modifiziert.

Die Ungleichung (5.2.6) gibt uns eine Abschätzung des Fehlers und zeigt, dass für $\sigma = \sigma^* = \frac{-\pi}{\ln(n)}$ eine der schlechteren Konvergenzraten, nämlich $\mathcal{O}\left(\frac{1}{\ln(n)}\right)$, zu erwarten ist. Andere Konzentrationsfunktionen wie die polynomiellen $\sigma^p(x) = -p\pi x^p$ können zumindest punktweise abseits der Unstetigkeitsstellen eine Konvergenzrate von $\mathcal{O}(n^{-p})$ aufweisen, auch wenn sie sich in der Nähe der Unstetigkeiten wieder auf $\mathcal{O}\left(\frac{\ln(n)}{n}\right)$ verschlechtert.

Betrachten wir nochmals die Funktion f aus Beispiel 5.2.1, zeigen die verallgemeinerten konjugierten Partialsummen in Abbildung 5.3 die postulierte verbesserte Konvergenz abseits der Unstetigkeitsstelle, oszillieren aber insbesondere σ^p mit $p = 2$ stärker in der Nähe des Sprunges.

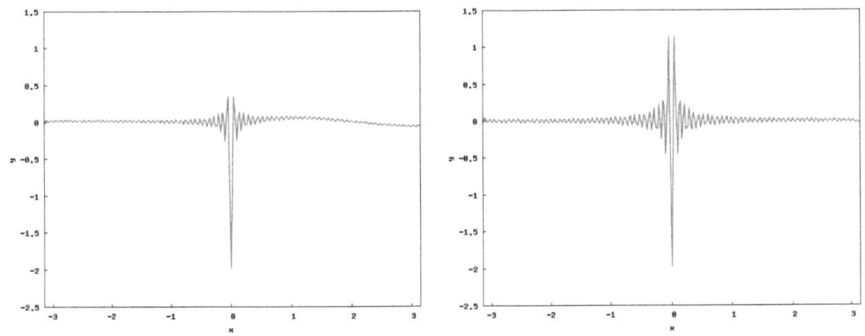

Abbildung 5.3 $\widetilde{\mathfrak{S}}_n^\sigma f$ zur Funktion f aus Beispiel 5.2.1 mit und $\sigma(x) = -\pi x$ (links), und $\sigma(x) = -2\pi x^2$ (rechts).

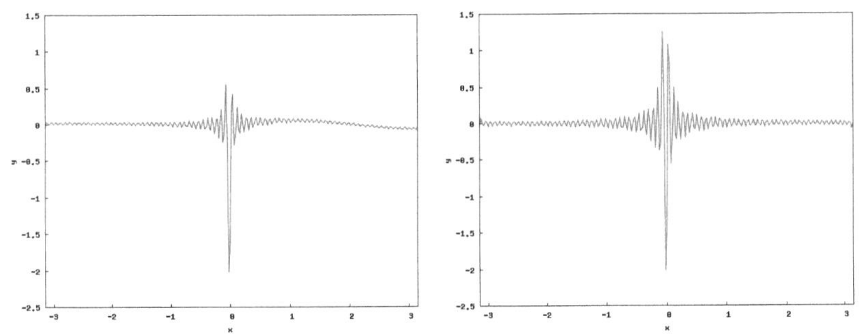

Abbildung 5.4 $\widetilde{\mathfrak{S}}_n^\sigma f$ zur Funktion f aus Beispiel 5.2.1 mit diskreten Fourierkoeffizienten, $n = 40$ und $\sigma(x) = -\pi x$ (links), und $\sigma(x) = -2\pi x^2$ (rechts).

5.2.2 Diskrete Betrachtung

Im Kontext numerischer Verfahren ist die zugrundeliegende Funktion f, die rekonstruiert beziehungsweise deren Unstetigkeitsstellen gefunden werden sollen, nicht global bekannt, so dass eine exakte Bestimmung der Fourierkoeffizienten aus Gleichung (5.1.6) nicht möglich ist. Stattdessen liegen einzelne Werte $f(x_j)$ an Stützstellen (nodal) oder die Koeffizienten $\hat{f}_k$ (modal) vor, so dass wir lediglich die diskreten Fourierkoeffizienten

$$a_k = \frac{\Delta x}{\pi} \sum_{j=-n}^{n} f(x_j) \cos(kx_j), \quad b_k = \frac{\Delta x}{\pi} \sum_{j=-n}^{n} f(x_j) \sin(kx_j) \tag{5.2.7}$$

berechnen können. Abbildung 5.4 zeigt dieselben konjugierten Fourierreihen wie in Abbildung 5.3 unter Verwendung diskreter Fourierkoeffizienten, bei denen deutlich stärkere Oszillationen sichtbar sind. Im diskreten Fall besitzt nämlich die nur an den Gitterpunkten x_j definierte Funktion f im Grunde an *jeder* Stelle einen Sprung, der mit $\mathcal{O}(\Delta x)$ wächst, während die echten Unstetigkeitsstellen durch das $\mathcal{O}(1)$-Wachstum gekennzeichnet sind. Somit kann ein einfacher, wenn auch unpraktischer Sprungindikator bereits durch das Kriterium

$$f(x_{j+1}) - f(x_j) = \begin{cases} d_\xi(f) + \mathcal{O}(\Delta x), & \xi \in [x_j, x_{j+1}], \\ \mathcal{O}(\Delta x), & \text{sonst}, \end{cases}$$

angegeben werden.

Sollen nun die im vorigen Abschnitt vorgestellten Konzentrationsfaktoren für *diskrete* Daten genutzt werden, liegen lediglich die diskreten Fourierkoeffizienten vor, so dass beim Gebrauch der stetigen Faktoren σ noch zusätzliche Oszillationen (wie in [20] erörtert) hinzu kommen. Daher formulierten Gelb und Tadmor ein ähnliches Konvergenzresultat für diskrete Fourierkoeffizienten, in dem leicht modifizierte Konzentrationsfaktoren benötigt werden.

Satz 5.2.10. *Sei f eine stückweise glatte Funktion mit*

$$\frac{1}{t}\left(f(x+t) - f(x-t) - d_x(f)\right) \in L^\infty[0,\pi] \tag{5.2.8}$$

und $J = \{\xi \mid f \text{ unstetig in } \xi\}$ die Menge der Sprungunstetigkeitsstellen. Seien α_k, β_k die diskreten Fourierkoeffizienten von f, τ mit $\tau\left(\frac{k}{n}\right) =: \tau_{k,n}$ ein diskreter Konzentrationsfaktor und

$$\widetilde{T}_n^\tau f(x) := \sum_{k=1}^{n} \tau_{k,n} \left(\alpha_k \sin(kx) - \beta_k \cos(kx)\right)$$

die ***diskrete verallgemeinerte konjugierte Partialsumme****. Ist σ mit $\sigma\left(\frac{k}{n}\right) = \sigma_{k,n}$ ein zulässiger stetiger Konzentrationsfaktor und gilt*

$$\tau_{k,n} = \frac{\sin\left(k\frac{\Delta x}{2}\right)}{k\frac{\Delta x}{2}} \sigma_{k,n} \qquad \text{mit } \Delta x = \frac{2\pi}{2n+1}, \tag{5.2.9}$$

dann besitzt $\widetilde{T}^{\tau}_n$ die Konzentrationseigenschaft

$$\widetilde{T}^{\tau}_n f(x) \overset{n\to\infty}{\longrightarrow} d_{\xi}(f)\delta_J(x).$$

Somit können aus stetigen Konzentrationsfaktoren mithilfe der Skalierung (5.2.9) geeignete *diskrete* Faktoren geschaffen werden. Ein allgemeineres, aber hier nicht weiter benötigtes Resultat zur Zulässigkeit diskreter Konzentrationsfaktoren findet sich in [20]. Abbildung 5.5 zeigt Beispiel 5.2.1 mit diskreten Kernen, die die entstehenden Oszillationen im Vergleich zur Nutzung stetiger Faktoren (Abbildung 5.3) mildern. Ein besonders gutes Resultat liefert hier der exponentielle Kern

$$\tau^{\exp}(s_k) = c \cdot \exp\left(\frac{1}{\gamma s_k(s_k - 1)}\right) \cdot \frac{2\sin\left(\frac{\pi s_k}{2}\right)}{\pi} \tag{5.2.10}$$

mit $s_k = \dfrac{|k|\,\Delta x}{\pi}$ und $c = \displaystyle\int \mathrm{e}^{\frac{1}{\gamma\eta(\eta-1)}}\,\mathrm{d}\eta$ (in unserem Beispiel ist $\gamma = 6$ und somit $c \approx 3$).

Bemerkung 5.2.11. Wie im Fall der konjugierten Partialsumme in Abschnitt 5.1.1 gilt

$$\widetilde{T}^{\tau}_n f(x) = -\mathrm{i}\sum_{k=-n}^{n} \operatorname{sgn}(k)\,\tau_{k,n}\widetilde{f}_k \mathrm{e}^{\mathrm{i}kx}$$

mit Koeffizienten

$$\widetilde{f}_k = \frac{1}{2n+1}\sum_{j=0}^{2n} f(x_j)\mathrm{e}^{-\mathrm{i}kx_j}.$$

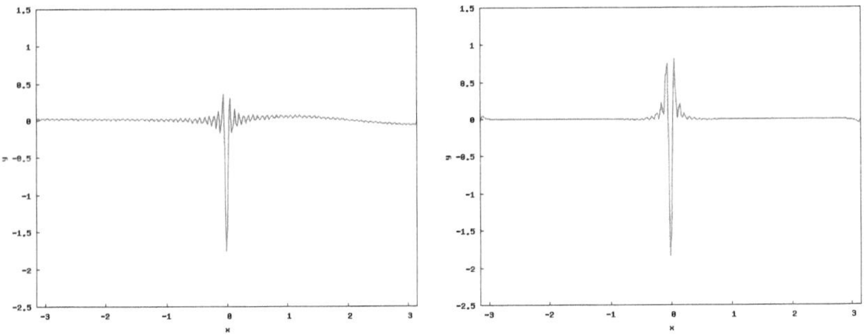

Abbildung 5.5 $\widetilde{T}^{\tau}_n f$ zur Funktion f aus Beispiel 5.2.1 mit $\tau(x)$ entsprechend zu $\sigma = -\pi x$ gewählt (links) beziehungsweise $\tau = \tau^{\exp}$ aus (5.2.10) (rechts), jeweils $n = 40$.

Um die Konvergenzrate nochmals zu beschleunigen führen Gelb und Tadmor in [21, 22] die *potenzierte* diskrete konjugierte Partialsumme

$$T(x; q, n) := n^{\frac{q}{2}}\left(\widetilde{T}^{\tau}_n f(x)\right)^q$$

ein. Für diese Funktion gilt

$$T(x;q,n) \overset{n\to\infty}{\longrightarrow} \begin{cases} n^{\frac{q}{2}}\left(d_\xi(f)\right)^q, & f \text{ stetig in } \xi, \\ \mathcal{O}(n^{-\frac{q}{2}}), & \text{sonst,} \end{cases}$$

was eine schärfere Auflösung der Sprungstelle mit sich bringt. Definieren wir nun einen globalen Schwellenwert J_{krit}, können wir kritische Zellen detektieren, wenn $|T(x;q,n)| > J_{\text{krit}}$ für mindestens eine Stelle x der Zelle gilt[5]. Die Wahl des Wertes J_{krit} ist allerdings nicht offensichtlich und vom jeweiligen Testfall abhängig. Der Wert sollte auf jeden Fall groß genug gewählt werden, um die entstehenden Oszillationen zu ignorieren, und klein genug, um vorhandene Unstetigkeiten nicht zu übersehen.

5.3 Zweidimensionale Kantendetektierung

Die in den letzten Abschnitten vorgestellten Resultate sollen nun zur effizienten Kantendetektierung in zwei Raumdimensionen und insbesondere auf Dreiecken genutzt werden. Wie bereits in Abschnitt 5.1 beschrieben gibt es mehrere Ansätze, die konjugierte Partialsumme auf zwei Dimensionen zu erweitern, wobei entweder Unstetigkeiten in x- oder y-Richtung oder Sprünge in den gemischten partiellen Ableitungen detektiert werden.

5.3.1 Verallgemeinerte konjugierte Partialsummen in einer Variablen

Da sich konjugierte Partialsummen in einer Variablen auf den eindimensionalen Fall zurückführen lassen, vergleiche Satz 5.1.8, können die Resultate aus Abschnitt 5.2 direkt übertragen werden. Gelb und Tadmor betrachteten daher zur Erweiterung auf zwei Raumdimensionen den eindimensionalen diskreten Ansatz aus 5.2.2 in x- und y-Richtung [22][6], das heißt

$$\widetilde{T}^{x,\tau}_{nn} f\left(x(\bar{y})\right) = -\mathrm{i} \sum_{k=-n}^{n} \sum_{\ell=-n}^{n} \operatorname{sgn}(k)\, \tau\left(\frac{|k|\Delta x}{\pi}\right) \widetilde{f}_{k,\ell} \mathrm{e}^{\mathrm{i}(kx(\bar{y})+\ell\bar{y})},$$

$$\widetilde{T}^{y,\tau}_{nn} f\left(y(\bar{x})\right) = -\mathrm{i} \sum_{k=-n}^{n} \sum_{\ell=-n}^{n} \operatorname{sgn}(\ell)\, \tau\left(\frac{|\ell|\Delta x}{\pi}\right) \widetilde{f}_{k,\ell} \mathrm{e}^{\mathrm{i}(k\bar{x}+\ell\bar{y}(\bar{x}))}.$$

Analog zum eindimensionalen Fall können hier Kantendetektoren mithilfe von

$$T_x := n^{\frac{q}{2}} \left(\widetilde{T}^{x,\tau}_{nn} f(x(\bar{y}))\right)^q$$
$$T_y := n^{\frac{q}{2}} \left(\widetilde{T}^{y,\tau}_{nn} f(y(\bar{x}))\right)^q$$

[5]Für eine exakte Lokalisierung der Sprungstelle nutzen Gelb und Tadmor eine nichtlineare Funktion $\widetilde{T}^{\tau,e}_n$ definiert als $\widetilde{T}^{\tau}_n f(x)$, wenn $|T(x;q,n)| > J_{\text{krit}}$, und 0 sonst.

[6]Im Original mit dem Faktor $-\pi$ versehen und entsprechend anderen Anforderungen an τ.

definiert und Zellen markiert werden, falls $|T_x| > J_{\text{krit}}$ oder $|T_y| > J_{\text{krit}}$ für mindestens eine Stützstelle der Zelle gilt. Um eine gute Auflösung zu gewährleisten, müssen stets *zwei* Partialsummen gebildet werden, da ansonsten die Detektierung entlang der anderen Achse vernachlässigt wird.

5.3.2 Verallgemeinerte konjugierte Partialsummen in zwei Variablen

Konjugierte Partialsummen in zwei Variablen entstehen nicht mehr direkt aus dem eindimensionalen Fall, so dass hier die Frage nach ähnlichen Konvergenzresultaten der verallgemeinerten Partialsummen auftaucht. Tatsächlich lässt sich auch für eine verallgemeinerte konjugierte Partialsumme in zwei Variablen die Konvergenzeigenschaft wie im Satz von Móricz nachweisen, und zwar sowohl für den kontinuierlichen als auch für den diskreten Fall.

Satz 5.3.1. *Sei $f : \mathbb{R}^2 \to \mathbb{R}$ eine stückweise glatte Funktion und*

$$J := \{(x, y) \in \mathbb{R}^2 \mid f \text{ unstetig in } (x, y)\}$$

die Menge der Sprungunstetigkeitsstellen von f in $\mathbb{R}^2$. Ferner seien $m, n \in \mathbb{N}$ und

$$K_{mn}(x, y) = K_m(x)K_n(y) \tag{5.3.1}$$

mit zwei zulässigen Kernen K_m, K_n nach Definition 5.2.2 gegeben. Dann besitzt die ***verallgemeinerte konjugierte Partialsumme in zwei Variablen***

$$\widetilde{\mathfrak{S}}^K_{mn}(f)(x, y) := f * K_{mn}(x, y) = \int_{[-\pi,\pi]^2} f(u, v)K_{mn}(x - u, y - v)\, du\, dv \tag{5.3.2}$$

die Konzentrationseigenschaft

$$\widetilde{\mathfrak{S}}^K_{mn}(f)(x, y) \to d_{xy}(f)\delta_J(x, y) = \begin{cases} d_{xy}(f), & (x, y) \in J, \\ 0, & \text{sonst.} \end{cases}$$

Beweis: Seien die Voraussetzungen gegeben. Dann folgt für $(x, y) \in \mathbb{R}^2$

$$\begin{aligned} &\lim_{m,n\to\infty} \widetilde{\mathfrak{S}}^K_{mn}(f)(x, y) \\ &\overset{(5.3.2)}{=} \lim_{m,n\to\infty} \int_{[-\pi,\pi]^2} f(u, v)K_{mn}(x - u, y - v)\, du\, dv \\ &\overset{(5.3.1)}{=} \lim_{n\to\infty} \int_{-\pi}^{\pi} \underbrace{\left(\lim_{m\to\infty} \int_{-\pi}^{\pi} f(u, v)K_m(x - u)\, du\right)}_{=:(1)} K_n(y - v)\, dv \end{aligned} \tag{2}$$

Fassen wir $f(u, v)$ für festes $v \in [-\pi, \pi]$ als nur von der Variablen u abhängige Funktion auf, liefert uns Satz 5.2.9 (da K_m nach Voraussetzung ein zulässiger Kern ist)

$$(1) = \lim_{m\to\infty} f * K_m(x; v) = \lim_{t\to 0} (f(x + t, v) - f(x - t, v))\,.$$

Eingesetzt in (2) erhalten wir somit

$$\begin{aligned}
&\lim_{m,n\to\infty} \widetilde{\mathfrak{S}}^K_{mn}(f)(x,y)\\
&= \lim_{t\to 0}\lim_{n\to\infty}\left(\int_{-\pi}^{\pi} f(x+t,v)K_n(y-v)\,\mathrm{d}v - \int_{-\pi}^{\pi} f(x-t,v)K_n(y-v)\,\mathrm{d}v\right)\\
&= \lim_{t\to 0}\left(\lim_{n\to\infty} f * K_n(y;x+t) - \lim_{n\to\infty} f * K_n(y;x-t)\right)
\end{aligned}$$

und können wieder Satz 5.2.9 für $f * K_n(y; x \pm t)$ als Funktion in y ausnutzen. Damit folgt

$$\begin{aligned}
&\lim_{m,n\to\infty} \widetilde{\mathfrak{S}}^K_{mn}(f)(x,y)\\
&= \lim_{t\to 0}\lim_{s\to 0}\Big(f(x+t,y+s) - f(x+t,y-s) - \big(f(x-t,y+s) - f(x-t,y-s)\big)\Big)\\
&= d_{xy}(f),
\end{aligned}$$

und somit die Behauptung. □

Betrachten wir die mit Konzentrationsfaktoren $\sigma_{jk,mn}$ verallgemeinerte konjugierte Partialsumme in zwei Variablen

$$\widetilde{\mathfrak{S}}^\sigma_{mn} f(x,y) = -\sum_{j=-m}^{m}\sum_{k=-n}^{n} \operatorname{sgn}(j)\operatorname{sgn}(k)\,\sigma_{jk,mn}\hat{\mathfrak{f}}_{jk}\mathrm{e}^{\mathrm{i}(jx+ky)}, \tag{5.3.3}$$

dann gibt es auch hier wie im Eindimensionalen einen Zusammenhang mit entsprechenden Kernen, wie das nächste Lemma zeigt.

Lemma 5.3.2. *Sei $f : \mathbb{R}^2 \to \mathbb{R}$ eine L^1-Funktion in beiden Variablen und $\sigma : [0,1]^2 \to \mathbb{R}$ ein Konzentrationsfaktor mit $\sigma_{jk,mn} = \sigma_1\left(\frac{j}{m}\right)\sigma_2\left(\frac{k}{n}\right)$, wobei $\sigma_1, \sigma_2 : [0,1] \to \mathbb{R}$. Dann gilt*

$$\widetilde{\mathfrak{S}}^\sigma_{mn} f(x,y) = \widetilde{\mathfrak{S}}^K_{mn} f(x,y)$$

mit

$$\widetilde{K}_{mn}(x,y) = \widetilde{K}_m(x)\widetilde{K}_n(y)$$

und Kernen $\widetilde{K}_m$, $\widetilde{K}_n$ wie in Gleichung (5.2.4).

Beweis: Einsetzen der Definition der Fourierkoeffizienten und der Voraussetzung an σ liefert

$$\begin{aligned}
\widetilde{\mathfrak{S}}^\sigma_{mn} f(x,y) &= \sum_{j=-m}^{m}\sum_{k=-n}^{n} \mathrm{i}\operatorname{sgn}(j)\,\mathrm{i}\operatorname{sgn}(k)\,\sigma_1\left(\frac{j}{m}\right)\sigma_2\left(\frac{k}{n}\right)\hat{\mathfrak{f}}_{jk}\mathrm{e}^{\mathrm{i}(jx+ky)}\\
&\overset{(5.1.14)}{=} \int_{-\pi}^{\pi}\int_{\pi}^{\pi} f(u,v)\left(-\frac{\mathrm{i}}{2\pi}\sum_{j=-m}^{m}\operatorname{sgn}(j)\,\sigma_1\left(\frac{j}{m}\right)\mathrm{e}^{\mathrm{i}j(x-u)}\right)\\
&\qquad\cdot\left(-\frac{\mathrm{i}}{2\pi}\sum_{k=-n}^{n}\operatorname{sgn}(k)\,\sigma_2\left(\frac{k}{n}\right)\mathrm{e}^{\mathrm{i}k(y-v)}\right)\mathrm{d}u\,\mathrm{d}v\\
&\overset{(5.2.5)}{=} \int_{-\pi}^{\pi}\int_{\pi}^{\pi} f(u,v)K_m(x-u)K_n(y-v)\,\mathrm{d}u\,\mathrm{d}v = \widetilde{\mathfrak{S}}^K_{mn} f(x,y)
\end{aligned}$$

und damit die Behauptung. □

Somit besitzt auch die Partialsumme $\widetilde{\mathfrak{S}}^{\sigma}_{mn}f$ mit $\sigma = \sigma_1\sigma_2$ die Konzentrationseigenschaft, wenn die Konzentrationsfaktoren σ_1, σ_2 die Voraussetzungen aus Satz 5.2.9 erfüllen. Jetzt kann ebenso der Fall der **diskreten verallgemeinerten konjugierten Partialsumme in zwei Variablen**

$$\widetilde{T}^{\tau}_{mn}f(x,y) = -\sum_{j=-m}^{m}\sum_{k=-n}^{n} \operatorname{sgn}(j)\operatorname{sgn}(k)\,\tau_{jk,mn}\widetilde{f}_{jk}\mathrm{e}^{\mathrm{i}(jx+ky)} \tag{5.3.4}$$

mit diskreten Fourierkoeffizienten

$$\widetilde{f}_{jk} = \frac{1}{(2m+1)(2n+1)}\sum_{\mu=-m}^{m}\sum_{\nu=-n}^{n} f(x_\mu,y_\nu)\mathrm{e}^{-\mathrm{i}(jx_\mu+ky_\nu)} \tag{5.3.5}$$

behandelt werden, wobei das gewünschte Konvergenzresultat wiederum durch Rückführung auf den eindimensionalen Fall erzielt wird.

Satz 5.3.3. *Sei $f : \mathbb{R}^2 \to \mathbb{R}$ eine Funktion, die in jeder Komponente stückweise glatt ist, also Gleichung (5.2.8) erfüllt, und J die Menge ihrer Sprungunstetigkeitsstellen. Sind $\sigma_{j,m}$, $\sigma_{k,n}$ zulässige Konzentrationsfaktoren und $\tau_{jk,mn} = \tau_{j,m}\tau_{k,n}$ ein durch die Bedingungen*

$$\tau_{j,m} = \frac{\sin\left(j\frac{\Delta x}{2}\right)}{j\frac{\Delta x}{2}}\sigma_{j,m} \qquad \textit{mit } \Delta x = \frac{2\pi}{2m+1}, \tag{5.3.6}$$

$$\tau_{k,n} = \frac{\sin\left(k\frac{\Delta y}{2}\right)}{k\frac{\Delta y}{2}}\sigma_{k,n} \qquad \textit{mit } \Delta y = \frac{2\pi}{2n+1} \tag{5.3.7}$$

definierter diskreter Konzentrationsfaktor, dann besitzt $\widetilde{T}^{\tau}_{mn}f$ die Konzentrationseigenschaft

$$\widetilde{T}^{\tau}_{mn}f(x,y) \overset{m,n\to\infty}{\longrightarrow} d_{xy}(f)\delta_J(x,y).$$

Beweis: Mit den Voraussetzungen an $\tau_{jk,mn}$ folgt nach geeigneter Umsortierung

$$\begin{aligned}
&\lim_{m,n\to\infty}\widetilde{T}^{\tau}_{mn}f(x,y)\\
&= \lim_{m,n\to\infty}\sum_{j=-m}^{m}\sum_{k=-n}^{n}\mathrm{i}\operatorname{sgn}(j)\,\mathrm{i}\operatorname{sgn}(k)\,\tau_{j,m}\tau_{k,n}\widetilde{f}_{jk}\mathrm{e}^{\mathrm{i}(jx+ky)}\\
&\overset{(5.3.5)}{=} \lim_{m\to\infty} -\mathrm{i}\sum_{j=-m}^{m}\frac{\operatorname{sgn}(j)}{2m+1}\tau_{j,m}\mathrm{e}^{\mathrm{i}jx}\\
&\quad\cdot\sum_{\mu=0}^{2m}\mathrm{e}^{-\mathrm{i}jx_\mu}\underbrace{\left(\lim_{n\to\infty} -\mathrm{i}\sum_{k=-n}^{n}\operatorname{sgn}(k)\,\tau_{k,n}\left(\frac{1}{2n+1}\sum_{\nu=0}^{2n}f(x_\mu,y_\nu)\mathrm{e}^{-\mathrm{i}ky_\nu}\right)\mathrm{e}^{\mathrm{i}ky}\right)}_{=:(1)}.
\end{aligned}$$

Der Ausdruck (1) ist nichts anderes als eine diskrete verallgemeinerte konjugierte Partialsumme in y-Richtung mit festgehaltenem x_μ. Da alle Voraussetzungen von Satz 5.2.10 gegeben sind liefert er uns

$$(1) = \lim_{s\to 0} \left(f(x_\mu, y+t) - f(x_m, y-t)\right).$$

Damit folgt

$$\begin{aligned}
&\lim_{m,n\to\infty} \widetilde{T}^\tau_{mn} f(x,y) \\
&= \lim_{s\to 0}\left(\lim_{m\to\infty} -\mathrm{i}\sum_{j=-m}^{m} \operatorname{sgn}(j)\,\tau_{j,m}\left(\frac{1}{2m+1}\sum_{\mu=0}^{2m} f(x_\mu, y+s)\mathrm{e}^{-\mathrm{i}jx_\mu}\right)\mathrm{e}^{\mathrm{i}jx}\right. \\
&\qquad\left. -\mathrm{i}\sum_{j=-m}^{m} \operatorname{sgn}(j)\,\tau_{j,m}\left(\frac{1}{2m+1}\sum_{\mu=0}^{2m} f(x_\mu, y-s)\mathrm{e}^{-\mathrm{i}jx_\mu}\right)\mathrm{e}^{\mathrm{i}jx}\right),
\end{aligned}$$

so dass wir wieder Satz 5.2.10, diesmal in x-Richtung für festes $y \pm s$, anwenden können. Somit erhalten wir schließlich

$$\begin{aligned}
&\lim_{m,n\to\infty} \widetilde{T}^\tau_{mn} f(x,y) \\
&= \lim_{s\to 0}\lim_{t\to 0}\Big(f(x+t,y+s) - f(x+t,y-s) - \big(f(x-t,y+s) - f(x-t,y-s)\big)\Big) \\
&= d_{xy}(f)
\end{aligned}$$

und damit die gewünschte Konzentrationseigenschaft. □

Mit den verallgemeinerten konjugierten Partialsummen erhalten wir also eine schärfere Detektierung der Stellen, in denen sich die gemischten partiellen Ableitungen einer Funktion f stark ändern. Numerische Resultate für die Wahl verschiedener Konzentrationskerne und ein Vergleich zur Detektierung mithilfe konjugierter Partialsummen in je einer Variablen finden sich im Abschnitt 5.5. Weiterhin zeigt Listing 5.1 (Seite 78) die Realisierung der Kantendetektierung im Spektrale-Differenzen-Verfahren.

5.4 Direkte Berechnung der Fourierkoeffizienten aus den PKD-Koeffizienten

Ein Nachteil der Kantendetektierung mithilfe der konjugierten Partialsummen im Kontext numerischer Verfahren ist die Tatsache, dass zusätzlich die Fourierkoeffizienten der zugrunde liegenden Funktion bestimmt werden müssen. Bei Methoden, die auf der Fouriertransformation basieren, liegen bereits die Fourierkoeffizienten oder zumindest diskrete Werte an äquidistanten Stützstellen vor, so dass eine Rekonstruktion ohne zusätzlichen Fehler möglich ist. Bei allgemeineren numerischen Verfahren hingegen sind entweder diskrete Werte an nicht-äquidistanten Stützstellen oder modale Koeffizienten in der jeweiligen Basis bekannt. Im ersten Fall müsste eine nicht-uniforme Fouriertransformation durchgeführt oder die Werte an äquidistanten Stellen rekonstruiert werden, wozu wiederum modale Koeffizienten genutzt werden können. In beiden Fällen wird aber neben dem erhöhten Berechnungsaufwand noch ein zusätzlicher Rekonstruktionsfehler hinzugefügt, der die Lösung teilweise erheblich beeinflussen kann. Um dies zu vermeiden und eine schnellere Berechnung zu erzielen, werden wir eine exakte Umrechnungsvorschrift der Fourierkoeffizienten aus den PKD-Koeffizienten herleiten, so dass die Kantendetektierung in kürzerer Zeit und vor allem ohne zusätzlichen Fehler angewandt werden kann. Insbesondere kann diese Formel zur Bestimmung der Fourierkoeffizienten im Kontext der SDM genutzt werden. Hier werden im Fall einer Filterung wie in Abschnitt 4 nämlich die modalen Koeffizienten $\hat{u}_{\ell m}$ bestimmt, mit denen dann ebenfalls die Kantendetektierung durchgeführt werden kann.

Es seien also die PKD-Koeffizienten $\hat{u}_{\ell m}$ einer (unbekannten) Funktion u in einem festen Dreieck τ der Triangulierung $\mathcal{T}$ gegeben. Diese Funktion kann mithilfe der in Abschnitt 2.3 und 3.1 gegebenen Transformationen Λ und ψ auf das Einheitsquadrat $[-1,1]^2$ überführt werden, so dass wir zur Kantendetektierung die Funktion

$$u^*(x,y) = \sum_{\ell=0}^{n}\sum_{m=0}^{n-\ell} \hat{u}_{\ell m}\varphi_{\ell m}(\psi(x,y)) \tag{5.4.1}$$

in $[-1,1]^2$ betrachten können. Gesucht sind nun die Fourierkoeffizienten

$$\hat{\mathfrak{f}}_{\xi\eta} = \mathfrak{F}(u)(\xi,\eta) = \frac{1}{2^2}\int_{-1}^{1}\int_{-1}^{1} u^*(x,y)\mathrm{e}^{-\mathrm{i}\pi(\xi x+\eta y)}\,\mathrm{d}x\,\mathrm{d}y, \tag{5.4.2}$$

für die wir in Satz 5.4.1 eine exakte Berechnungsvorschrift aus den PKD-Koeffizienten beweisen werden. Zur Vereinfachung der Schreibweise benutzen wir das **Pochhammer-Symbol** [7]

$$(x)_n := x(x+1)(x+2)\cdots(x+n-1) = \frac{(x+n-1)!}{(x-1)!} = \frac{\Gamma(x-n)}{\Gamma(x)}$$

für $x \in \mathbb{N}$,$n \in \mathbb{N}_0$.

Satz 5.4.1. *Sei $n \in \mathbb{N}_0$ und seien Koeffizienten $\hat{u}_{\ell m}$, $0 \le \ell + m \le n$, zur Basis der normierten PKD-Polynome $\varphi_{\ell m}$ im Dreieck $\tau \in \mathcal{T}$ gegeben. Dann gilt*

$$\begin{aligned}\hat{\mathfrak{f}}_{\xi\eta} = &\sum_{\ell=0}^{n}\sum_{m=0}^{n-\ell} \hat{u}_{\ell m}\frac{\sqrt{(\ell+\frac{1}{2})(\ell+m+1)}}{2^{\ell+2}}\sum_{j=0}^{\ell}\frac{(j+1)_\ell}{j!(\ell-j)!2^j}E(\xi,j)\\ &\cdot\sum_{k=0}^{m}\frac{(-1)^\ell(2\ell+k+2)_m}{k!(m-k)!2^k}E(\eta,k+\ell)\end{aligned} \tag{5.4.3}$$

mit

$$E(\xi,j) = \int_{-1}^{1}(x-1)^j\mathrm{e}^{-\mathrm{i}\pi\xi x}\,\mathrm{d}x. \tag{5.4.4}$$

[7] In der Kombinatorik bezeichnet dies häufig die fallende und nicht die steigende Faktorielle.

Beweis: Gleichung (5.4.2) liefert eine exakte Berechnungsvorschrift der Fourierkoeffizienten für die Funktion u^* aus Gleichung (5.4.1). Diese repräsentiert die im Dreieck τ definierte Funktion u im Quadrat $[-1,1]^2$, so dass wir die dort detektierten Kanten durch eine Rücktransformation auch im ursprünglichen Gebiet τ wiederfinden. Um eine Quadratur zu vermeiden, schreiben wir Gleichung (5.4.2) nun so um, dass wir für $u \in \mathbb{P}_n$ exakt bleiben.
Die Definition der PKD-Polynome aus (2.3.7) sowie ihre Normierung (2.3.9) liefert uns mit $\psi(x,y) = \left(\frac{(1+x)(1-y)}{2} - 1, y\right)$

$$\varphi_{\ell m}(\psi(x,y)) = \sqrt{(\ell+\frac{1}{2})(\ell+m+1)} P_\ell^{0,0}(x) \left(\frac{1-y}{2}\right)^\ell P_m^{2\ell+1,0}(y). \tag{5.4.5}$$

Nach Definition 2.3.3 lautet die explizite Formulierung der Jacobi-Polynome

$$P_n^{\alpha,\beta}(x) = \frac{\Gamma(\alpha+n+1)}{n!\Gamma(\alpha+\beta+n+1)} \sum_{k=0}^{n} \binom{n}{k} \frac{\Gamma(\alpha+\beta+n+k+1)}{\Gamma(\alpha+k+1)} \left(\frac{x-1}{2}\right)^k. \tag{5.4.6}$$

Für natürliche Zahlen n ist $\Gamma(n) = (n-1)!$, so dass aus obiger Gleichung für die in Gleichung (5.4.5) benötigten Jacobi-Polynome unter Verwendung des Pochhammer-Symbols mit $\ell, m \in \mathbb{N}_0$

$$\begin{aligned} P_\ell^{0,0}(x) &= \frac{\Gamma(\ell+1)}{\ell!\Gamma(\ell+1)} \sum_{j=0}^{\ell} \binom{\ell}{j} \frac{\Gamma(\ell+j+1)}{\Gamma(j+1)} \left(\frac{x-1}{2}\right)^j \\ &= \frac{1}{\ell!} \sum_{j=0}^{\ell} \frac{\ell!(\ell+j)!}{j!(\ell-j)!j!} \frac{1}{2^j} (x-1)^j = \sum_{j=0}^{\ell} \frac{(j+1)_\ell}{j!(\ell-j)!2^j} (x-1)^j \end{aligned} \tag{5.4.7}$$

und

$$\begin{aligned} P_m^{2\ell+1,0}(y) &= \frac{\Gamma(2\ell+1+m+1)}{m!\Gamma(2\ell+1+m+1)} \sum_{k=0}^{m} \binom{m}{k} \frac{\Gamma(2\ell+1+m+k+1)}{\Gamma(2\ell+1+k+1)} \left(\frac{y-1}{2}\right)^k \\ &= \frac{1}{m!} \sum_{k=0}^{m} \frac{m!(2\ell+m+k+1)!}{k!(m-k)!(2\ell+k+1)!} \frac{1}{2^k} (y-1)^k = \sum_{k=0}^{m} \frac{(2\ell+k+2)_m}{k!(m-k)!2^k} (y-1)^k \end{aligned} \tag{5.4.8}$$

folgt. Somit erhalten wir mit $c_{\ell m} := \frac{\sqrt{(\ell+\frac{1}{2})(\ell+m+1)}}{2^{\ell+2}}$

$$\begin{aligned} \hat{\mathfrak{f}}_{\xi\eta} &\overset{\text{Def.}}{=} \frac{1}{4} \int_{-1}^{1} \int_{-1}^{1} u^*(x,y) \mathrm{e}^{-\mathrm{i}\pi(\xi x+\eta y)} \, \mathrm{d}x \, \mathrm{d}y \\ &\overset{(5.4.1)}{=} \frac{1}{4} \int_{-1}^{1} \int_{-1}^{1} \sum_{\ell=0}^{n} \sum_{m=0}^{n-\ell} \hat{u}_{\ell m} \varphi_{\ell m}(\psi(x,y)) \, \mathrm{e}^{-\mathrm{i}\pi(\xi x+\eta y)} \, \mathrm{d}x \, \mathrm{d}y \\ &\overset{(5.4.5)}{=} \sum_{\ell=0}^{n} \sum_{m=0}^{n-\ell} \hat{u}_{\ell m} c_{\ell m} \int_{-1}^{1} \int_{-1}^{1} P_\ell^{0,0}(x) \, (1-y)^\ell \, P_m^{2\ell+1,0}(y) \mathrm{e}^{-\mathrm{i}\pi\xi x} \mathrm{e}^{-\mathrm{i}\pi\eta y} \, \mathrm{d}x \, \mathrm{d}y \\ &= \sum_{\ell=0}^{n} \sum_{m=0}^{n-\ell} \hat{u}_{\ell m} c_{\ell m} \int_{-1}^{1} P_\ell^{0,0}(x) \mathrm{e}^{-\mathrm{i}\pi\xi x} \, \mathrm{d}x \int_{-1}^{1} (1-y)^\ell P_m^{2\ell+1,0}(y) \mathrm{e}^{-\mathrm{i}\pi\eta y} \, \mathrm{d}y. \end{aligned}$$

Einsetzen der Gleichungen (5.4.7) und (5.4.8) führt dann auf

$$\begin{aligned}
\hat{\mathfrak{f}}_{\xi\eta} &= \sum_{\ell=0}^{n}\sum_{m=0}^{n-\ell} \hat{u}_{\ell m} c_{\ell m} \sum_{j=0}^{\ell} \frac{(j+1)_\ell}{j!(\ell-j)!2^j} \int_{-1}^{1} (x-1)^j \mathrm{e}^{-\mathrm{i}\pi\xi x}\,\mathrm{d}x \\
&\quad \cdot \sum_{k=0}^{m} \frac{(2\ell+k+2)_m}{k!(m-k)!2^k} \int_{-1}^{1} (1-y)^\ell (y-1)^k \mathrm{e}^{-\mathrm{i}\pi\eta y}\,\mathrm{d}y \\
&= \sum_{\ell=0}^{n}\sum_{m=0}^{n-\ell} \hat{u}_{\ell m} c_{\ell m} \sum_{j=0}^{\ell} \frac{(j+1)_\ell}{j!(\ell-j)!2^j} \int_{-1}^{1} (x-1)^j \mathrm{e}^{-\mathrm{i}\pi\xi x}\,\mathrm{d}x \\
&\quad \cdot \sum_{k=0}^{m} \frac{(2\ell+k+2)_m}{k!(m-k)!2^k} (-1)^\ell \int_{-1}^{1} (y-1)^{k+\ell} \mathrm{e}^{-\mathrm{i}\pi\eta y}\,\mathrm{d}y \\
&= \sum_{\ell=0}^{n}\sum_{m=0}^{n-\ell} \hat{u}_{\ell m} c_{\ell m} \sum_{j=0}^{\ell} \frac{(j+1)_\ell}{j!(\ell-j)!2^j} E(\xi, j) \\
&\quad \cdot \sum_{k=0}^{m} \frac{(2\ell+k+2)_m}{k!(m-k)!2^k} (-1)^\ell E(\eta, k+\ell)
\end{aligned}$$

mit

$$E(\xi, j) = \int_{-1}^{1} (x-1)^j \mathrm{e}^{-\mathrm{i}\pi\xi x}\,\mathrm{d}x,$$

womit Behauptung (5.4.3) gezeigt ist. □

Die Integrale aus obigem Satz können explizit angegeben werden, wie der nachfolgende Satz zeigt.

Satz 5.4.2. *Für die Funktion E aus Satz 5.4.1 gilt*

$$E(\xi, j) = \begin{cases} -\dfrac{(-2)^{j+1}}{j+1}, & \xi = 0, \\ \displaystyle\sum_{\mu=0}^{j-1} (j-\mu+1)_\mu \frac{(-1)^{\mu+1}(-2)^{j-\mu}}{(-\mathrm{i}\pi\xi)^{\mu+1}} + \frac{(-1)^j j!}{(-\mathrm{i}\pi\xi)^{j+1}} \left(\mathrm{e}^{-\mathrm{i}\pi\xi} - \mathrm{e}^{\mathrm{i}\pi\xi}\right), & \textit{sonst.} \end{cases}$$

Beweis: Das Integral lässt sich hier sukzessive durch partielle Integration bestimmen und liefert

$$\begin{aligned}
\int_{-1}^{1} (x-1)^j \mathrm{e}^{-\mathrm{i}\pi\xi}\,\mathrm{d}x &= \left[\frac{1}{-\mathrm{i}\pi\xi}(x-1)^j \mathrm{e}^{-\mathrm{i}\pi\xi}\right]_{-1}^{1} - \frac{j}{-\mathrm{i}\pi\xi} \int_{-1}^{1} (x-1)^{j-1} \mathrm{e}^{-\mathrm{i}\pi\xi}\,\mathrm{d}x \\
&= \left[\sum_{\mu=0}^{j} \frac{(-1)^\mu (j-\mu+1)_\mu}{(-\mathrm{i}\pi\xi)^{\mu+1}} (x-1)^{j-\mu} \mathrm{e}^{-\mathrm{i}\pi\xi x}\right]_{-1}^{1}.
\end{aligned}$$

Die Unterscheidung zwischen $\xi = 0$ und $\xi \neq 0$ führt schließlich auf die Behauptung. □

Wird nun zur schnelleren Implementierung nur die Auswertung von Integralen mit reellwertigen Funktionen gewünscht, kann folgender Zusammenhang genutzt werden.

Lemma 5.4.3. *Für die Funktion E aus Satz 5.4.1 gilt*

$$E(\xi, j) = G(\xi, j) - \mathrm{i}H(\xi, j)$$

mit

$$G(\xi, j) = \int_{-1}^{1} (x-1)^j \cos(\pi\xi x)\,\mathrm{d}x \tag{5.4.9}$$

und

$$H(\xi, j) = \int_{-1}^{1} (x-1)^j \sin(\pi\xi x)\,\mathrm{d}x. \tag{5.4.10}$$

Beweis: Für die komplexe Exponentialfunktion gilt die Euler'sche Identität $\mathrm{e}^{\mathrm{i}\varphi} = \cos\varphi + \mathrm{i}\sin\varphi$. Mit $\cos(-\varphi) = \cos\varphi$ und $\sin(-\varphi) = -\sin\varphi$ folgt

$$\begin{aligned} E(\xi, j) &= \int_{-1}^{1} (x-1)^j \mathrm{e}^{-\mathrm{i}\pi\xi x}\,\mathrm{d}x = \int_{-1}^{1} (x-1)^j \left(\cos(-\pi\xi x) + \mathrm{i}\sin(-\pi\xi x)\right)\,\mathrm{d}x \\ &= \int_{-1}^{1} (x-1)^j \left(\cos(\pi\xi x) - \mathrm{i}\sin(\pi\xi x)\right)\,\mathrm{d}x = G(\xi, j) - \mathrm{i}H(\xi, j). \end{aligned}$$

□

G und H können ebenfalls exakt bestimmt werden, die expliziten Ausdrücke sind in Anhang A.1 zu finden.

Die Sätze 5.4.1 und 5.4.2 können nun im Kontext numerischer Verfahren, in denen die Koeffizienten $\hat{u}_{\ell m}$ vorliegen, zur Bestimmung der Fourierkoeffizienten ohne zusätzliche Rekonstruktion genutzt werden, um dann mit den konjugierten Partialsummen eventuelle Unstetigkeiten im Dreieck zu detektieren. Wenn nur die Zellen, die Unstetigkeiten enthalten markiert werden sollen, muss keine weitere Rücktransformation der Daten mehr durchgeführt werden. Dies ist unter anderem bei der Anwendung von Filtern oder einer Gitterverfeinerung zur schärferen Lokalisierung der Fall. Andernfalls muss die im Quadrat $[-1, 1]^2$ erkannte Unstetigkeit durch die Abbildungen ψ^{-1} und Λ^{-1} wieder zurück auf das Dreieck τ transformiert werden, um ihren genauen Verlauf anzuzeigen. Die Kantendetektierung aus Listing 4.2, die in Listing 4.1 genutzt wird, kann nun durch die nachfolgende Detektierung ersetzt werden.

Listing 5.1 set_flag_via_konfou(tri coeff)

```
for(j = 0; j < n_fourier; j++)
 for(k = 0; k < n_fourier; k++)
 {
  fouriercoeff[j][k] = 0.0;
  for(l = 0; l < N_u; l++)
   fouriercoeff[j][k] += coeff[l]*u_to_f[j*n_fourier+k][l];
 }
for(l = 0; l < n_conjsum; l++)
 for(m = 0; m < n_conjsum; m++)
```

```
  {
    S_f = conj_partialsum_at_xl_ym(fouriercoeff,l,m);
    if(fabs(S_f) > J_krit)
      return 1.0;
    /** potenziert: fabs(pow(S_f,q)*pow(n,q/2.0)) **/
  }
return 0.0;
```

Dabei muss der Schwellenwert J_{krit} abhängig vom Problem gewählt werden. Um keine Sprungstellen zu übersehen, darf er nicht zu klein gewählt werden, muss aber auch hinreichend groß sein, um kleinere Oszillationen zu ignorieren. Die von uns gewählten Werte finden sich bei den jeweiligen Testfällen im Abschnitt 6.3. Falls die üblichen Partialsummen S_f mit dem Dirichlet-Kern nicht zur Detektierung der Sprungstellen ausreichen, kann auch die potenzierte konjugierte Partialsumme zum Einsatz kommen, die eine schnellere Konvergenz gegen Null fernab der Unstetigkeitsstellen erzielt (siehe Kommentar im Listing 5.1). Die Umrechnungskoeffizienten u_to_f entsprechen den Faktoren hinter $\hat{u}_{\ell m}$ in Gleichung (5.4.3). Da sie lediglich einmal bestimmt und anschließend nur mit den Koeffizienten $\hat{u}_{\ell m}$ multipliziert und aufsummiert werden müssen, ergibt sich eine deutliche Laufzeitverbesserung zum klassischen Ansatz.

5.5 Testfälle zur zweidimensionalen Kantendetektierung

In diesem Abschnitt werden Ergebnisse der numerischen Tests zu den verallgemeinerten konjugierten Partialsummen in zwei Variablen präsentiert und mit der Detektierung mithilfe konjugierter Partialsummen in einer Variablen verglichen. Dazu wurden zunächst folgende Testfälle auf quadratischen Gebieten Ω implementiert:

(Q1) $\Omega = [-\pi, \pi]^2$, $f(x,y) = \begin{cases} 1, & x^2 + y^2 < \left(\frac{\pi}{2}\right)^2, \\ 0, & \text{sonst}, \end{cases}$

(Q2) $\Omega = [-\pi, \pi]^2$, f wie in Abbildung 5.6,

(Q3) $\Omega = [-1, 1]^2$, f wie in Abbildung 5.7.

Die Abbildungen 5.8 - 5.10 zeigen die konjugierten Partialsummen für die Testfälle (Q1)-(Q3) und unterschiedliche Konzentrationskerne. Im ersten Testfall treten aufgrund der Periodizität der zugrunde liegenden Funktion keine weiteren Oszillationen auf, während man bei den anderen Fällen zusätzliche Unstetigkeiten an den entsprechenden nicht-periodischen Rändern erkennen kann. Insbesondere (Q1) zeigt die Schwachstellen der jeweiligen Detektierung im Einklang mit den theoretischen Resultaten, nämlich die fehlende Auflösung in x-, y-Richtung oder entlang der Winkelhalbierenden. Ansonsten ist eine gute Konvergenzverbesserung durch die Konzentrationskerne sichtbar. Im Fall der Partialsummen in zwei Variablen fällt bei (Q2) und (Q3) die starke Änderung in den gemischten partiellen Ableitungen entlang einer Unstetigkeit auf, die je nach Standort positiv oder negativ ausfällt. Diese entspricht genau dem Wert $d_{xy}(f)$.

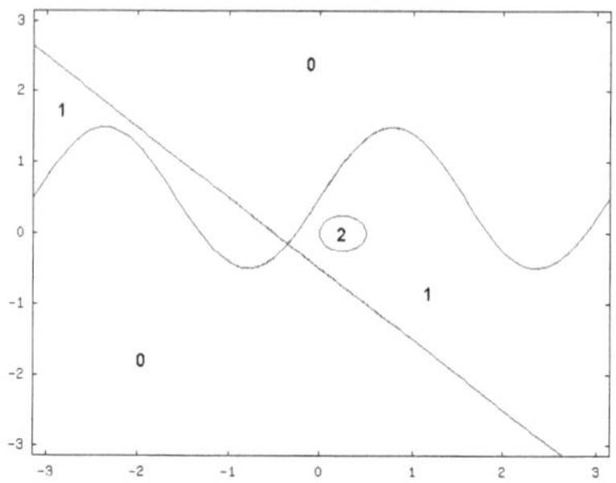

Abbildung 5.6 Testfall (Q2)

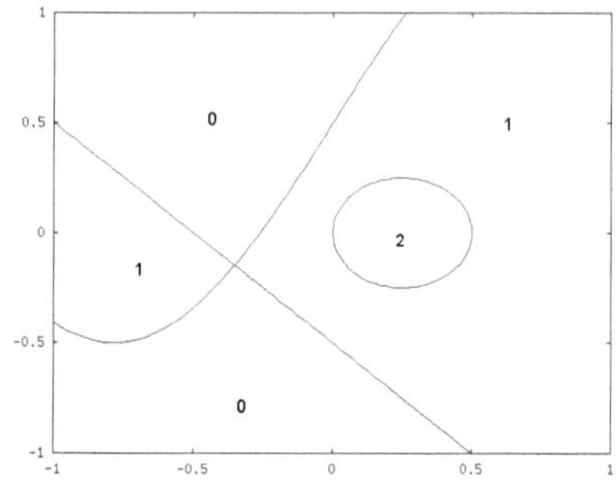

Abbildung 5.7 Testfall (Q3)

Mithilfe der Transformation $\psi : \mathbb{T}^2 \to [-1,1]^2$ können auch Stöße im Dreieck detektiert und anschließend zurücktransformiert werden. Abbildung 5.11 zeigt den Testfall

$$\text{(T1)}\quad \Omega = \mathbb{T}^2,\ f(r,s) = \begin{cases} 2, & r^2+s^2 < 0.25, \\ 1, & r+s < -1, \\ 0, & \text{sonst.} \end{cases}$$

In diesem Fall wurde die Detektierung in x- und y-Richtung kombiniert, indem

$$\widetilde{\mathfrak{S}}_{mn}^{xy} := \max\left\{\widetilde{\mathfrak{S}}_{mn}^{x}, \widetilde{\mathfrak{S}}_{mn}^{y}\right\}$$

gesetzt wurde. Zudem wurde auch die potenzierte Partialsumme mit verschiedenen Paramtern q und n getestet. Je nach Wahl der Parameter durfte der Schwellenwert nicht zu groß gewählt werden, um das Übersehen der schwächeren Unstetigkeit zu vermeiden (vergleiche Abbildung 5.11 unten). Insgesamt ließen sich optisch keine größeren Unterschiede zur Partialsumme mit dem exponentiellen Kern feststellen.

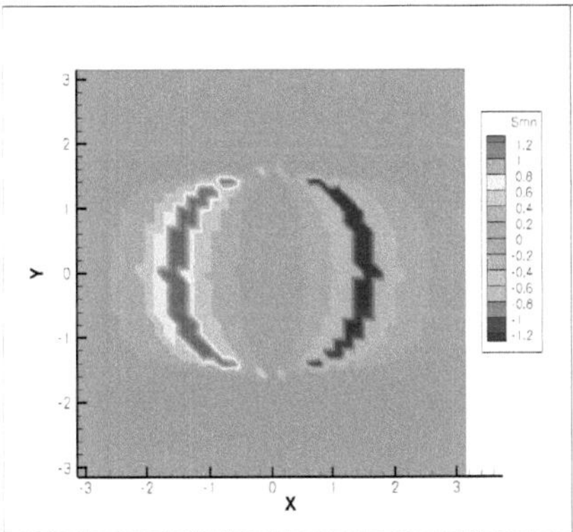

$\widetilde{\mathfrak{S}}^{x}_{nn}f$, Dirichlet-Kern

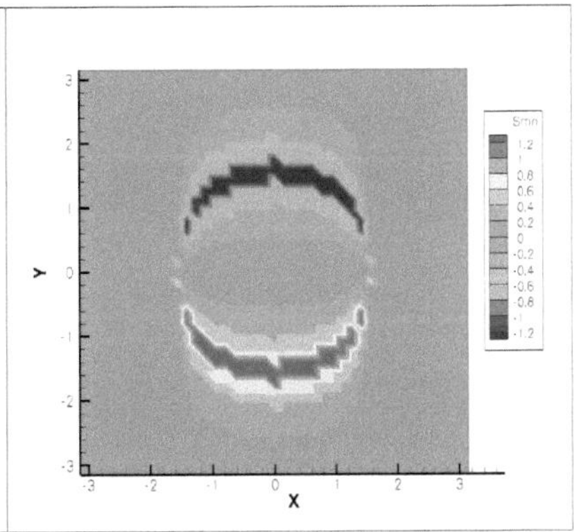

$\widetilde{\mathfrak{S}}^{y}_{nn}f$, Dirichlet-Kern

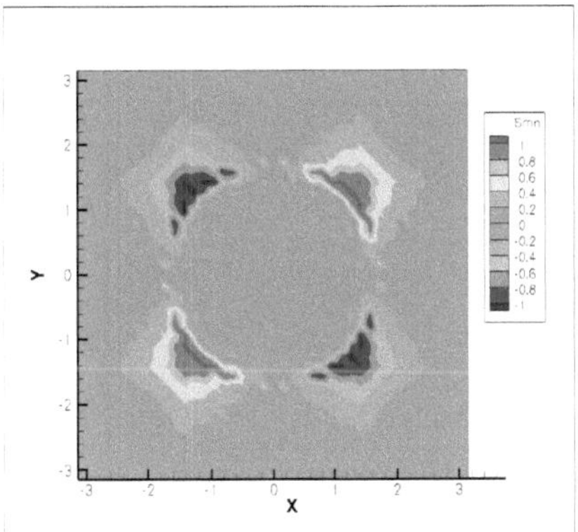

$\widetilde{\mathfrak{S}}_{nn}f$, Dirichlet-Kern

Abbildung 5.8 (Q1), Vergleich der unterschiedlichen Partialsummen, $n = 20$.

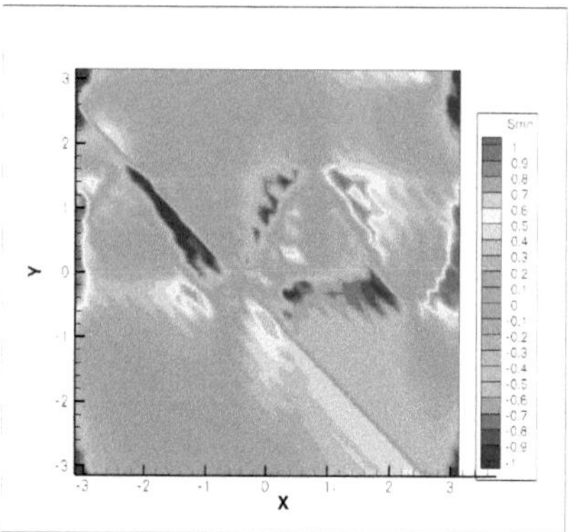

$\widetilde{\mathfrak{S}}_{nn}f$, Dirichlet-Kern

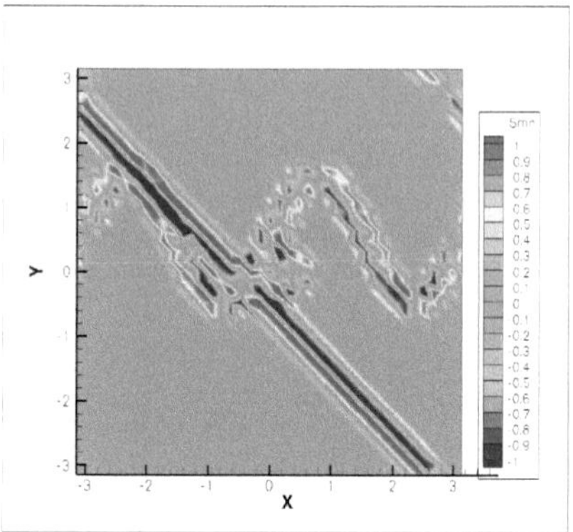

$\widetilde{\mathfrak{S}}_{nn}f$, Exp.-Kern

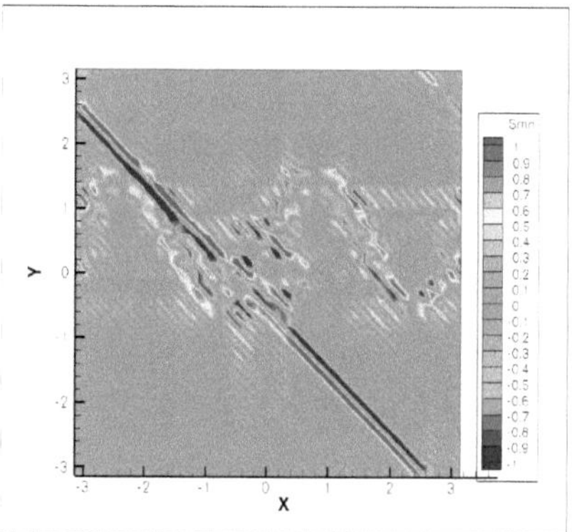

$\widetilde{\mathfrak{S}}_{nn}f$, p_1-Kern

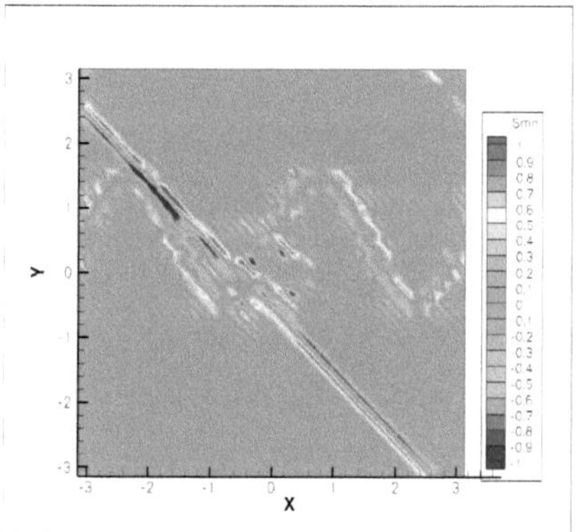

$\widetilde{\mathfrak{S}}_{nn}f$, diskreter t_1-Kern

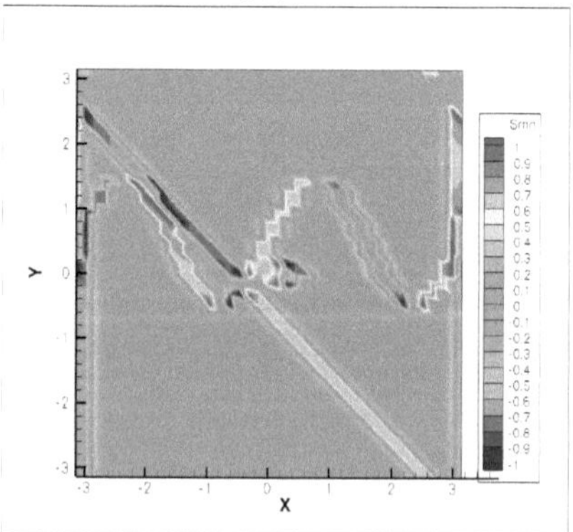

$\widetilde{\mathfrak{S}}^{x}_{nn}f$, Exp.-Kern

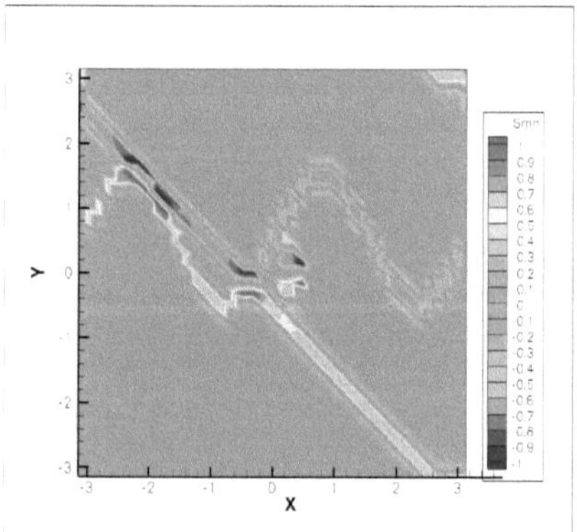

$\widetilde{\mathfrak{S}}^{y}_{nn}f$, Exp.-Kern

Abbildung 5.9 (Q2), Vergleich verschiedener Kerne, $n = 20$.

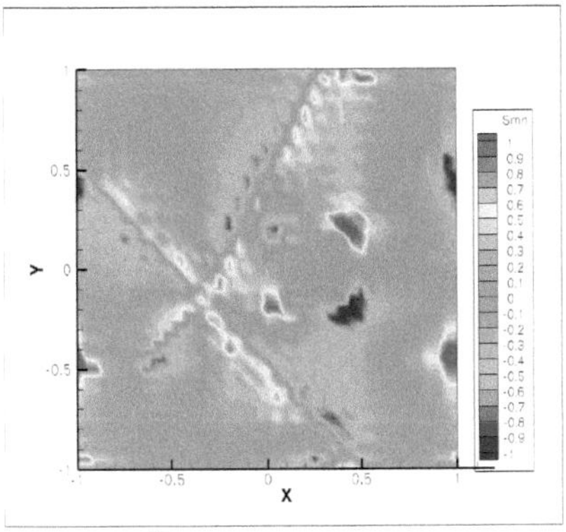

$\widetilde{\mathfrak{S}}_{nn}f$, Dirichlet-Kern

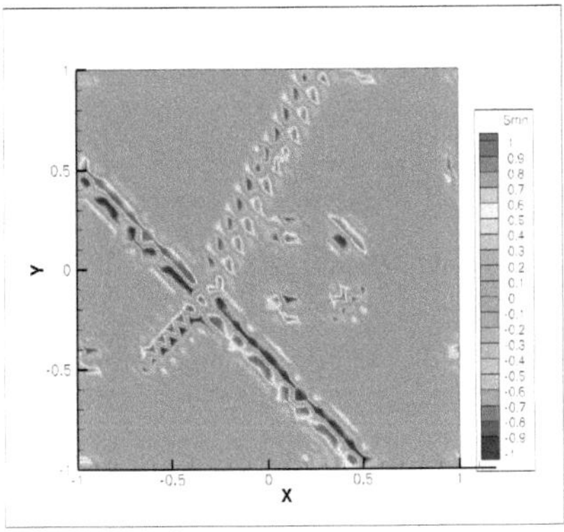

$\widetilde{\mathfrak{S}}_{nn}f$, Exp.-Kern

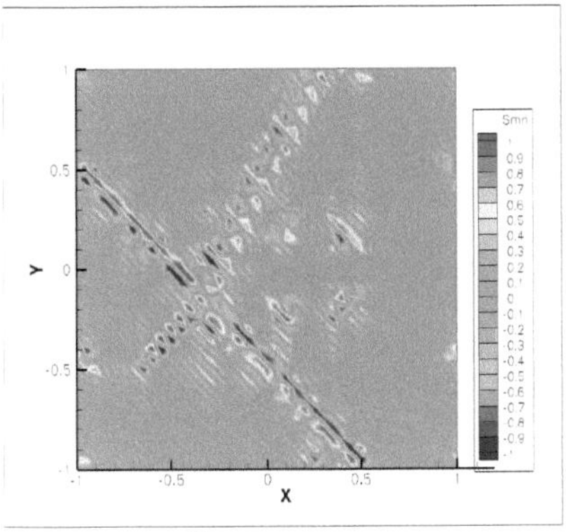

$\widetilde{\mathfrak{S}}_{nn}f$, p_1-Kern

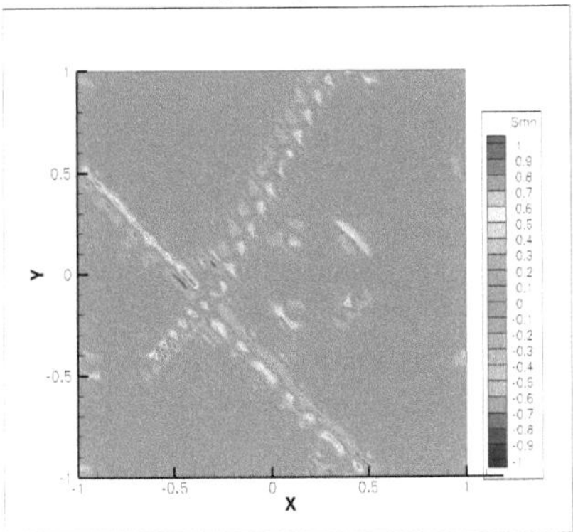

$\widetilde{\mathfrak{S}}_{nn}f$, t_1-Kern

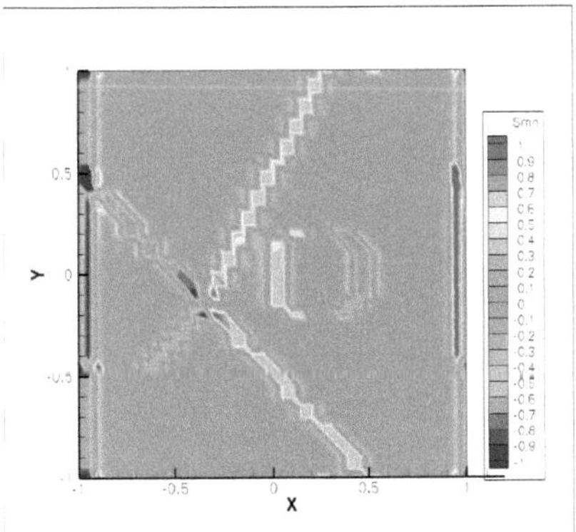

$\widetilde{\mathfrak{S}}^x_{nn}f$, Exp.-Kern

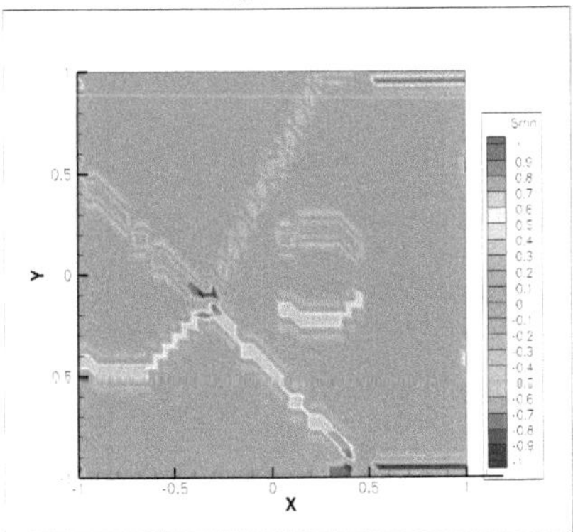

$\widetilde{\mathfrak{S}}^y_{nn}f$, Exp.-Kern

Abbildung 5.10 (Q3), Vergleich verschiedener Kerne, $n = 20$.

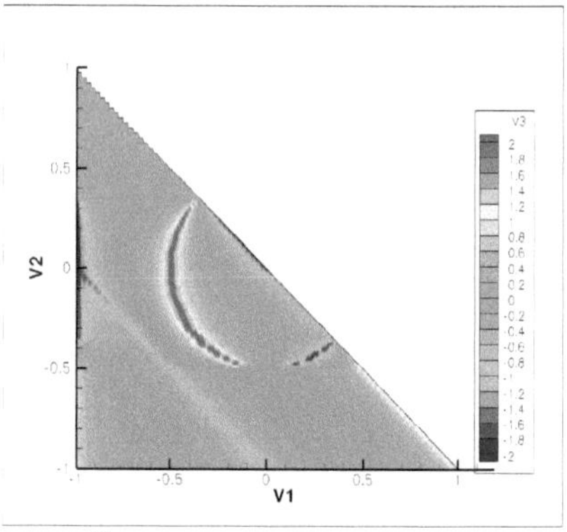

$\widetilde{\mathfrak{S}}^{x}_{nn} f$, Dirichlet-Kern, $n = 40$

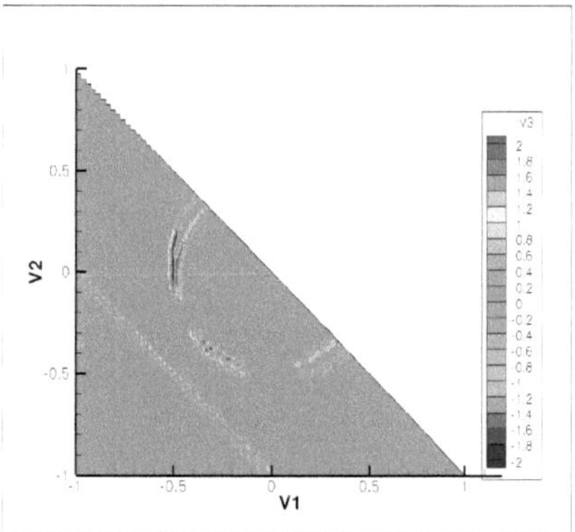

$\widetilde{\mathfrak{S}}_{nn} f$, Exp.-Kern, $n = 40$

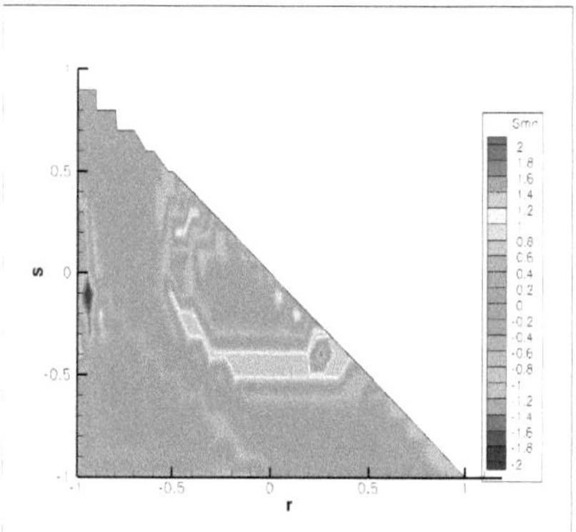

$\widetilde{\mathfrak{S}}^{xy}_{nn} f$, Exp.-Kern, $n = 10$

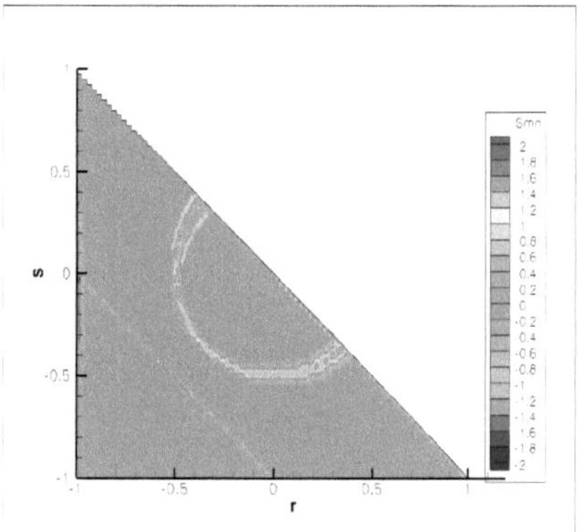

$\widetilde{\mathfrak{S}}^{xy}_{nn} f$, Exp.-Kern, $n = 40$

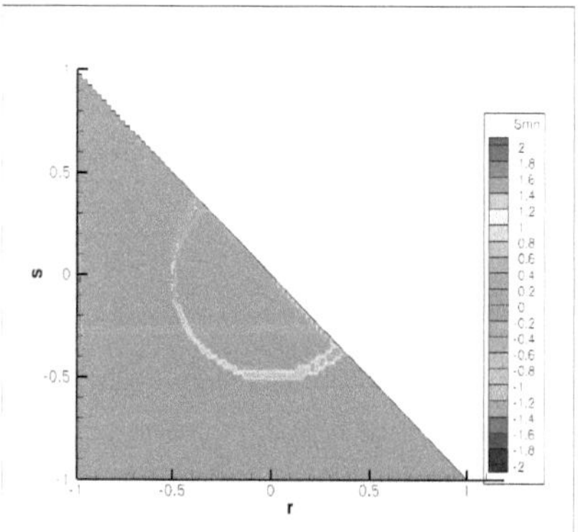

$\widetilde{\mathfrak{S}}^{xy}_{nn} f$, Exp.-Kern, $n = 40$, $q = 2$, $J_{\text{krit}} = 40$

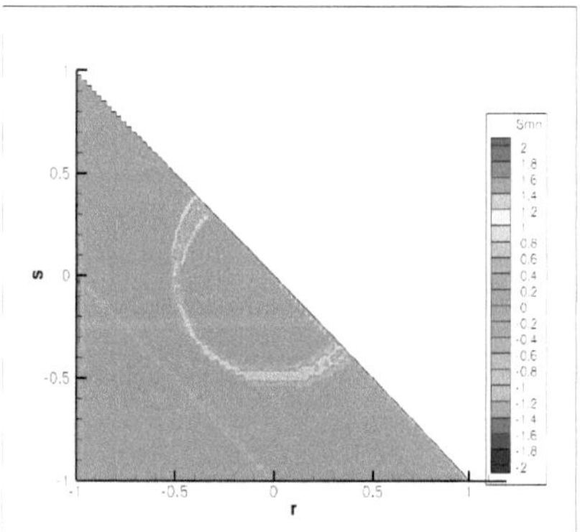

$\widetilde{\mathfrak{S}}^{xy}_{nn} f$, Exp.-Kern, $n = 40$, $q = 4$, $J_{\text{krit}} = 20$

Abbildung 5.11 (T1), Vergleich verschiedener Kerne und Parameter q.

6 Numerische Ergebnisse mit der SDM

Die hier aufgeführten numerischen Ergebnisse mit der SDM sind in drei Teile gegliedert. In Abschnitt 6.1 wird mithilfe stoßfreier Testfälle eine Ordnungsanalyse der SDM sowohl für die skalare Transportgleichung als auch die Euler-Gleichungen mit einem glatten isotropen Wirbel als Anfangsbedingung durchgeführt. Ferner werden die Ergebnisse der verschiedenen SD-Varianten verglichen. Dabei zeigt die SDM die erwarteten Konvergenzraten, die jedoch abhängig vom Testfall schon ab der vierten Ordnung fallen können. Abschnitt 6.2 behandelt die SDM mit eingebauter modaler Filterung aus Kapitel 4, deren Effizienz anhand von Testfällen mit Stößen demonstriert wird. Dazu wird zum einen die Burgers-Gleichung und zum anderen die Euler-Gleichungen mit einer Stoß-Wirbel-Interaktion als Testfall gewählt. In Abschnitt 6.3 wird schließlich die neue Kantendetektierung aus Kapitel 5 im Kontext der SDM untersucht. Als Zeitintegrationsverfahren dient in allen Fällen das in Abschnitt 2.2.1 erwähnte Runge-Kutta-Verfahren vierter Ordnung.

6.1 Stoßfreie Testfälle zur Ordnungsanalyse

Für die nachfolgenden glatten Testfälle sind exakte Lösungen bekannt, so dass sie zur Durchführung einer Ordnungsanalyse des SD-Verfahrens genutzt werden können. Die zugehörigen Tabellen befinden sich jeweils im Anhang A.2.

6.1.1 Lineare Transportgleichung

Bei der in einem Gebiet $\Omega \subseteq \mathbb{R}^2$ definierten Transportgleichung

$$\begin{aligned} u_t(x,y,t) + u_x(x,y,t) + u_x(x,y,t) &= 0 \\ u(x,y,0) &= u_0(x,y) \end{aligned}$$

untersuchen wir zwei Testfälle, zum einen die Sinusschwingung

$$u_0(x,y) = \sin(\pi(x,y))$$

auf $\Omega = [-1,1]^2$ mit periodischen Randbedingungen, zum anderen eine zweidimensionale Gaußwelle

$$u_0(x,y) = 0.2 \cdot \exp\left(-500\left((x-0.2)^2 + (y-0.3)^2\right)\right)$$

auf $\Omega = [0,1]^2$ mit Einströmbedingungen auf dem linken und unteren Rand sowie Ausströmbedingungen auf dem restlichen Rand. Die exakte Lösung entspricht der zeitlich verschobenen Anfangsbedingung, siehe Beispiel 2.1.1. Als numerischer Fluss wird in beiden Fällen der exakte Upwind-Fluss (Beispiel 3.1.6) genommen. Die Tabellen A.1-A.7 zeigen die Fehler, Konvergenzraten und Laufzeiten des Verfahrens sowohl ohne als auch mit durchgeführter u-Rekonstruktion. Bei zusätzlicher u-Rekonstruktion wurden einerseits 2D-Lobatto-Punkte einer um eins erniedrigten Ordnung, andererseits innere Lösungspunkte, die auf Quadraturpunkten für das Volumenintegral liegen, betrachtet. Letztere verwendeten unter anderen Liu et al. [74] und May et al. [45], wobei eine Erweiterung auf Ordnungen größer 4 nicht offensichtlich ist. In allen Fällen liefert das SD-Verfahren bis einschließlich vierten Ordnung die erwarteten Konvergenzraten und zeigt bei höheren Ordnungen einen mehr oder weniger starken Genauigkeitsverlust, der auf die in Abschnitt 3.4 erwähnte Instabilität zurückzuführen ist. Die unterschiedlichen Punktverteilungen der Lösungspunkte geben keinen wesentlichen Ordnungsunterschied, führen aber zu teilweise erheblich längeren Laufzeiten. Optimal hinsichtlich der Laufzeit bleibt die Wahl der Lagrange-Polynome als Basispolynome, da in diesem Fall die zusätzliche Bestimmung der $\mathcal{F}$-Koeffizienten (mit Kosten $\mathcal{O}(n^4)$) entfällt. Zu bemerken ist noch, dass alle in den Tabellen angegebenen Zeiten einem Vergleich zwischen den einzelnen Varianten des SD-Verfahrens dienen sollen und eine Optimierung des absoluten Werts nicht Sinn und Zweck dieser Arbeit war.

6.1.2 Euler-Gleichungen: Isentroper Wirbel

In diesem Testfall betrachten wir die in (2.1.5) definierten Euler-Gleichungen auf einem Gebiet Ω und dem Grundzustand

$$(\rho_\infty, u_\infty, v_\infty, p_\infty) = (1, 1, 1, 1)$$

in primitiven Variablen. Diesem wird ein isotroper Wirbel mit dem Mittelpunkt (x_c, y_c) und Änderungsraten

$$\begin{aligned}(\delta u, \delta v) &= \frac{\beta}{2\pi} \mathrm{e}^{\frac{1}{2}(1-r^2)}(-(y-y_0), (x-x_0)),\\ \delta T &= \frac{(\gamma-1)\beta^2}{8\gamma\pi^2} \mathrm{e}^{1-r^2},\end{aligned}$$

hinzugefügt, wobei $r = \sqrt{(x-x_c)^2 + (y-y_c)^2}$ und β die Wirbelstärke ist. Der aktuelle Druck und die Dichte sind dann berechenbar als

$$\begin{aligned}\rho &= \rho_\infty \left(1 - \frac{\delta T}{T_\infty}\right)^{\frac{1}{\gamma-1}},\\ p &= \frac{\rho}{\gamma}\end{aligned}$$

mit der Temperatur $T_\infty = 1$ und $\gamma = 1.4$. Der Anfangswert ist somit gegeben durch

$$\boldsymbol{u}_0 = (\rho, u_\infty + \delta u, v_\infty + \delta v, p).$$

In unserem Fall sei $\beta = 5$, $\Omega = [0, 10] \times [0, 10]$ und $(x_c, y_c) = (5, 5)$. Der linke und untere Rand wird als Einströmbedingung, der rechte und obere Rand als Ausströmbedingung vorgegeben. Die exakte Lösung entspricht der um $(u_\infty t, v_\infty t)$ verschobenen Anfangsbedingung, so dass eine Fehlerberechnung und Ordnungsanalyse (die in Tabelle A.8 zu finden ist) durchgeführt werden kann. Auch in diesem Fall liefert das SD-Verfahren die erwarteten Konvergenzraten bis $n = 4$, die für höhere Ordnungen wiederum fallend sind. Als numerischer Fluss wurde der MLF-Fluss [18] gewählt, der in diesem Kontext gute Ergebnisse liefert.

6.2 Nichtlineare Testfälle mit spektraler Filterung

Bei den nachfolgenden Testfällen entwickeln sich im Laufe der Zeit Stöße beziehungsweise sind bereits unstetige Anfangsbedingungen vorgegeben, so dass die SDM ohne weitere Stabilisierung gar keine oder sehr schlechte Ergebnisse liefert. Daher wird hier die in Kapitel 4 vorgestellte modale Filterung zur Reduktion der Oszillationen genutzt.

6.2.1 Burgers-Gleichung

Die Burgers-Gleichung wurde bereits im Grundlagenkapitel als Beispiel einer nichtlinearen Erhaltungsgleichung gewählt, die in endlicher Zeit aus glatten Lösungen Unstetigkeiten entwickelt. Wir betrachten hier analog zum Test in [38] die zweidimensionale Gleichung

$$\begin{aligned} u_t(x,y,t) + u(x,y,t)\,(u_x(x,y,t) + u_y(x,y,t)) = 0 \\ u_0(x,y) = \frac{1}{4} + \frac{1}{2}\sin\left(\pi(x+y)\right) \end{aligned}$$

mit periodischen Randbedingungen auf dem Gebiet $\Omega = [-1,1]^2$.

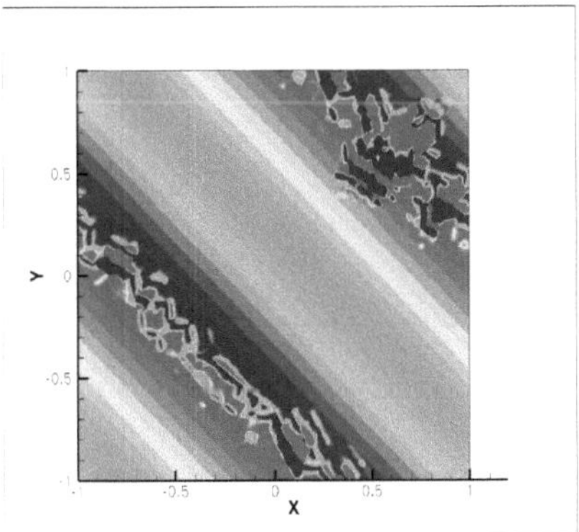

Abbildung 6.1 Entstehende Oszillationen, $t = 0.45$, $n = 2$.

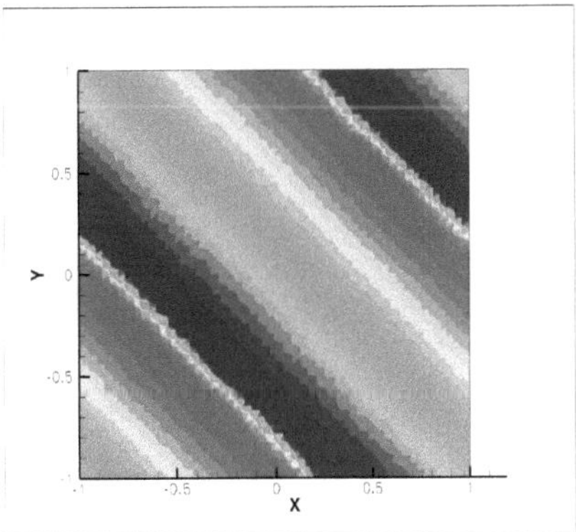

Abbildung 6.2 Globale Filterung, $t = 0.35$, $n = 2$, $p = 3$, $c = 0.5$.

Dabei entwickeln sich bis zum Zeitpunkt $t = 0.5$ zwei Unstetigkeitsstellen bei $y = \frac{3}{2} - x$ und $y = \frac{5}{2} - x$. Ohne den Gebrauch von Filtern oder Limitern entstehen bei höheren Ordnungen starke Oszillationen, wie in Abbildung 6.1 zu sehen ist. Setzen wir die Filter aus Kapitel 4 mit dem in Gleichung (4.4.2) vorgestellten Stoßindikator ein, zeigt sich abhängig von der Wahl der Filterparameter eine erhebliche Verminderung der Oszillationen (vergleiche Abbildung 6.3). Dabei fällt insbesondere auf, dass mit höherer Filterordnung auch die Filterstärke zunehmen muss, um eine ausreichende Reduktion der Oszillationen zu erzielen. Bei globaler Filterung werden zwar die Oszillationen reduziert, aber auch die Qualität der gesamten Lösung durch zu starke Filterung verschlechtert (Abbildung 6.2).

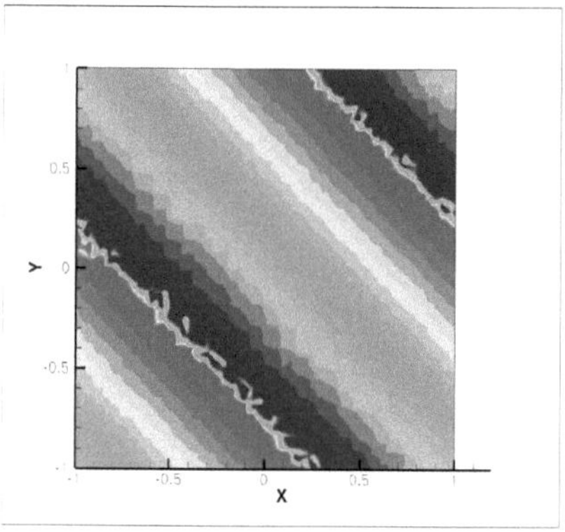

$n = 2,\ p = 2,\ c = 8$

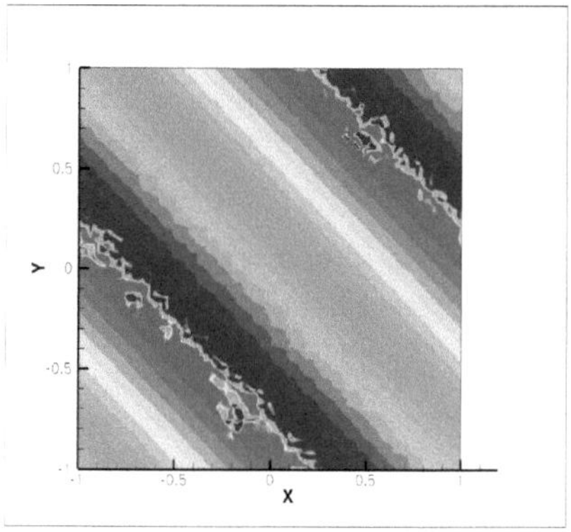

$n = 3,\ p = 3,\ c = 8$

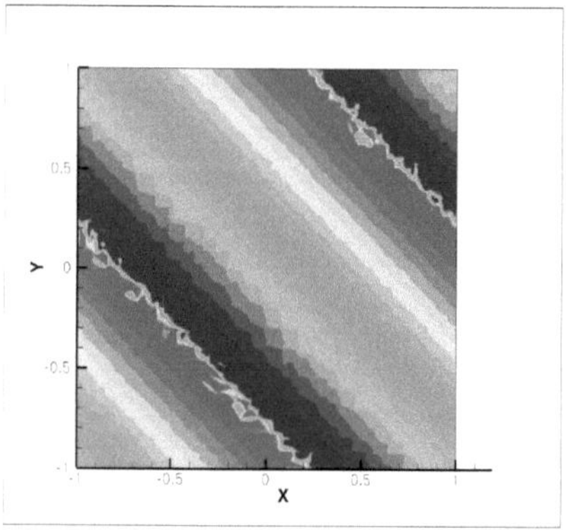

$n = 3,\ p = 3,\ c = 22$

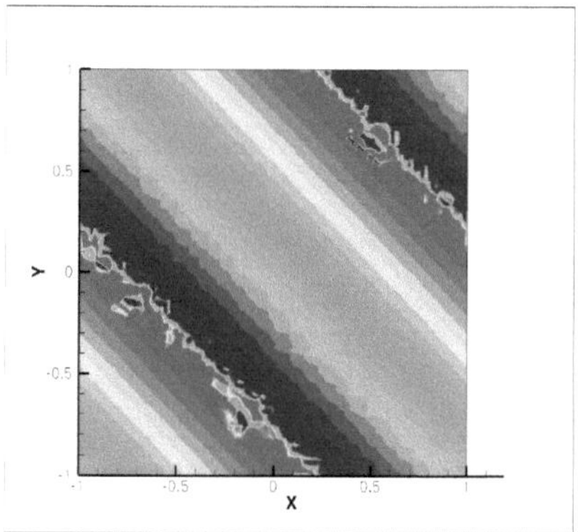

$n = 3,\ p = 4,\ c = 22$

Abbildung 6.3 PKD-SDM ohne u-Rekonstruktion, zur Zeit $t_0 = 0.45$, Ordnung $n = 2$ beziehungsweise $n = 3$ und verschiedenen Filterparametern p und c.

6.2.2 Euler-Gleichungen: Stoß-Wirbel-Interaktion

Dieser Testfall ist unter anderem in [31] beschrieben und gibt bereits eine unstetige Anfangsbedingung vor. Auf dem Gebiet $\Omega = [0,2] \times [0,1]$ wird bei $x = 0.5$ ein stationärer Stoß parallel zur x-Achse und links davon die Anfangsbedingung

$$\boldsymbol{u}_0 = (\rho, u, v, p) = (1, 1.1\sqrt{\gamma}, 0, 1)$$

in physikalischen Variablen gesetzt. Die rechte Seite $\boldsymbol{u}_0^+ = (\rho^+, u^+, v^+, p^+)$ lässt sich aus der Rankine-Hugeniot-Bedingung ableiten und entspricht

$$\begin{aligned} u^+ &= \frac{\gamma b - \sqrt{\gamma^2 b^2 - 2u(\gamma^2 - 1)d}}{u(\gamma + 1)}, \\ v^+ &= 0, \\ \rho^+ &= \frac{u}{u^+}, \\ p^+ &= b - uu^+, \end{aligned}$$

mit $b = 1.21\gamma + 1$ und $d = \left(0.6655 + \frac{1.1}{\gamma - 1}\right)\gamma^{\frac{3}{2}}$. Weiterhin wird auf der linken Seite ein isentroper Wirbel zentriert in $(x_c, y_c) = (0.25, 0.25)$ gesetzt, der durch die Änderungsparameter

$$\begin{aligned} (\delta u, \delta v) &= \frac{\varepsilon r}{r_c} \mathrm{e}^{\alpha(1-r^2)} \left(y - y_c, -(x - x_c)\right) \\ \delta T &= \frac{(\gamma - 1)\varepsilon^2 \mathrm{e}^{2\alpha(1-r^2)}}{4\alpha\gamma} \end{aligned}$$

mit r wie in Abschnitt 6.1.2, $r_c = 0.05$, $\varepsilon = 0.3$ und $\alpha = 0.204$ beschrieben wird. Die daraus resultierende Änderung der Dichte und des Druckes entspricht dann

$$\delta\rho = \delta p = (1 - \delta T)^{\frac{1}{1-\gamma}} - 1.$$

Mit diesen Daten werden die Anfangswerte der linken Seite überlagert, so dass $\boldsymbol{u}_0^-$ gegeben ist durch

$$\boldsymbol{u}_0^- = (\rho + \delta\rho, u + \delta u, v + \delta v, p + \delta p).$$

Die Randbedingungen sind in Abbildung 6.4 und das überwiegend verwendete Rechengitter mit Verfeinerung in der Nähe des Stoßes in Abbildung 6.5 dargestellt. Ohne zusätzliche Filterung kann dieser Testfall nicht über den Zeitpunkt hinauslaufen, an dem der Wirbel in den Stoß tritt, da die starken Oszillationen zu einem Zusammenbruch der numerischen Lösung führen. Betrachten wir Abbildung 6.6, sehen wir bereits unterschiedlich gute Auflösungen des Stoßes zum Zeitpunkt $t = 0.05$ abhängig von der Rekonstruktionsordnung und den Filterparametern. Die Abbildungen 6.7 und 6.8 zeigen das SD-Verfahren mit Polynomgrad $n = 2$ und fester Filterstärke 10 mit Filterordnungen $p = 2, 3, 4$. Dabei fällt bei zunehmender Filterordnung zum einen die schärfere Darstellung des Wirbels, aber auch die Zunahme von Oszillationen auf. Vergleichen wir

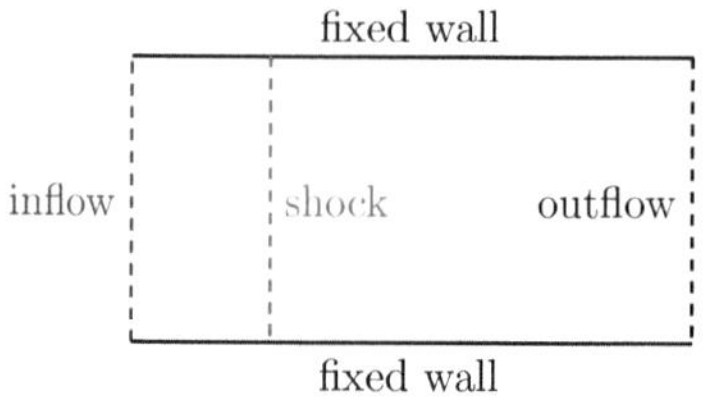

Abbildung 6.4 Randbedingungen der Stoß-Wirbel-Interaktion.

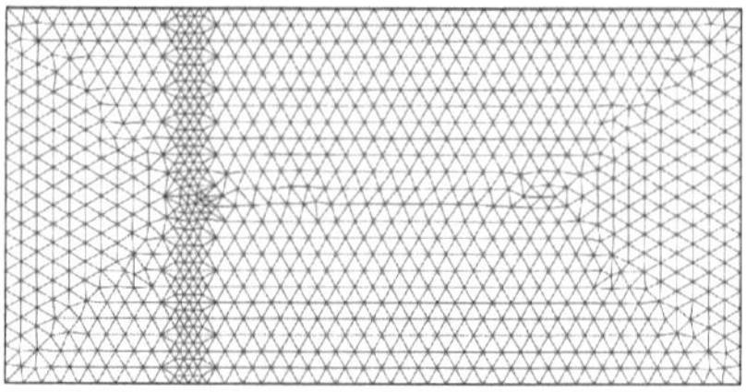

Abbildung 6.5 Verwendetes Gitter mit 2122 Dreiecken.

Abbildungen 6.9 und 6.10 mit 6.11 und 6.12, die ein $n = 3$ SD-Verfahren mit Filterordnung $p = 3$ beziehungsweise $p = 4$ zu verschiedenen Filterstärken zeigen, so können wir auch hier erkennen, dass die höhere Filterordnung schärfer auflöst, aber auch eine höhere Filterstärke benötigt. Wie in den Abbildungen 6.13 und 6.14 zu sehen ist, steigt bei höheren Polynomgraden und damit verbundenen Filterordnungen die Gefahr von Oszillationen sowie einer zu starken Filterung, die den Wirbel verschmiert. Eine weitere Beobachtung ist die geringere Anzahl der benötigten Zeitschritte bis zu einem festen Zeitpunkt, was ebenfalls auf eine Stabilisierung durch die Filter hinweist (siehe Tabelle 6.1). Die Berechnungen wurden mit dem koeffizientenbasierten Stoßindikator durchgeführt.

Filterparameter	Anzahl der Zeitschritte bis zur Zeit...				
	0.05	0.2	0.35	0.6	0.8
$p = 3$, $c = 6$	989	4041	7494	12220	16208
$p = 3$, $c = 14$	988	4036	7181	12204	16192
$p = 4$, $c = 14$	988	4042	7197	12226	16216
$p = 4$, $c = 18$	987	4040	7195	12223	16211

Tabelle 6.1 Anzahl der benötigten Zeitschritte bis zu einer festen Zeit für die SDM dritter Ordnung mit verschiedenen Filterparametern.

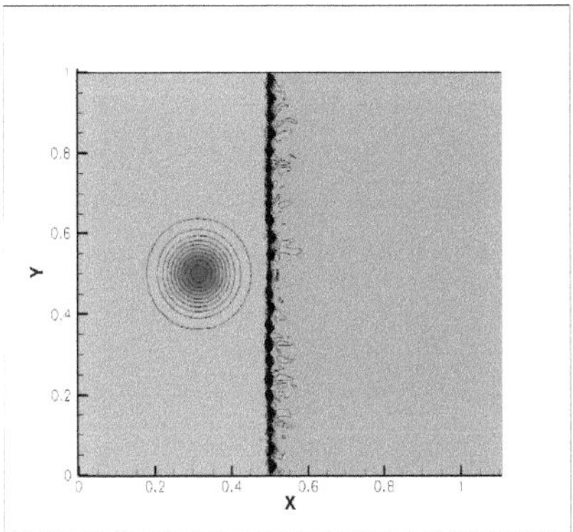

$n = 3$, $p = 3$, $c = 14$

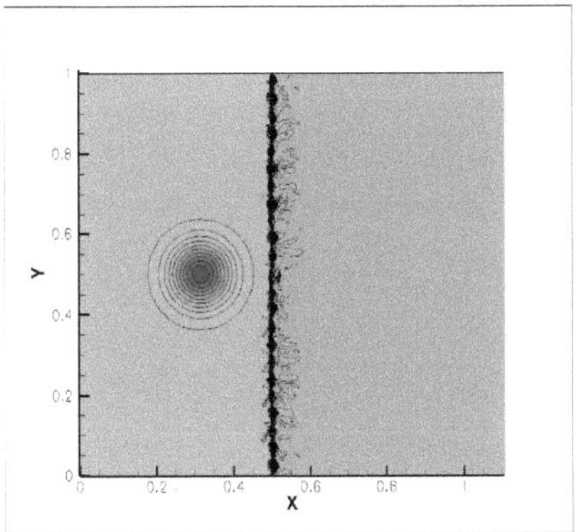

$n = 3$, $p = 4$, $c = 14$

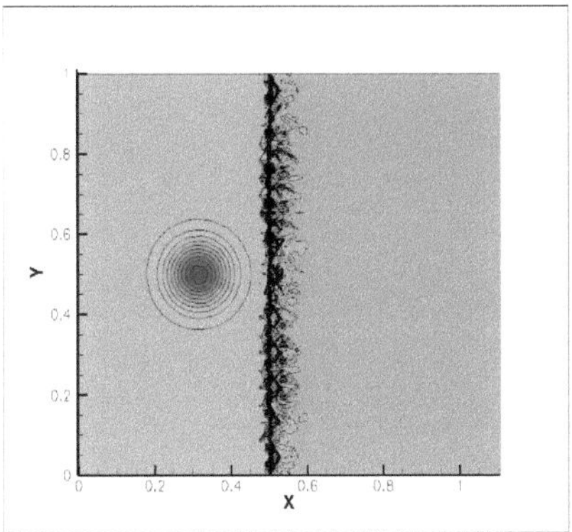

$n = 4$, $p = 4$, $c = 4$

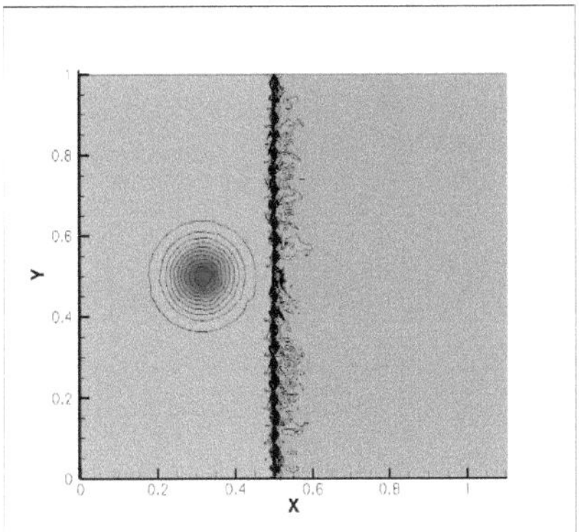

$n = 4$, $p = 4$, $c = 10$

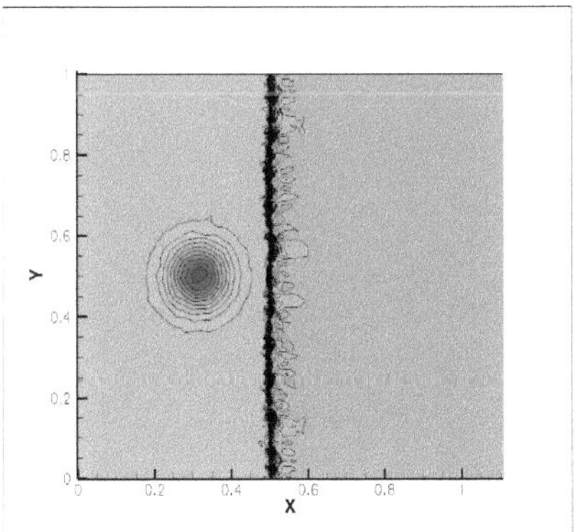

$n = 2$, $p = 3$, $c = 10$

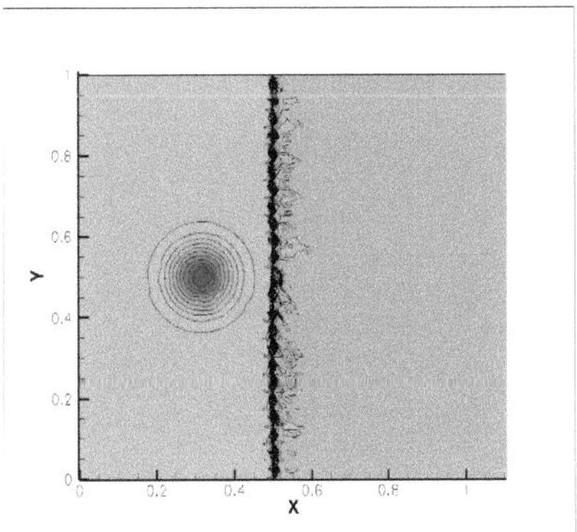

$n = 4$, $p = 5$, $c = 22$

Abbildung 6.6 PKD-SDM ohne u-Rekonstruktion zur Zeit $t = 0.05$.

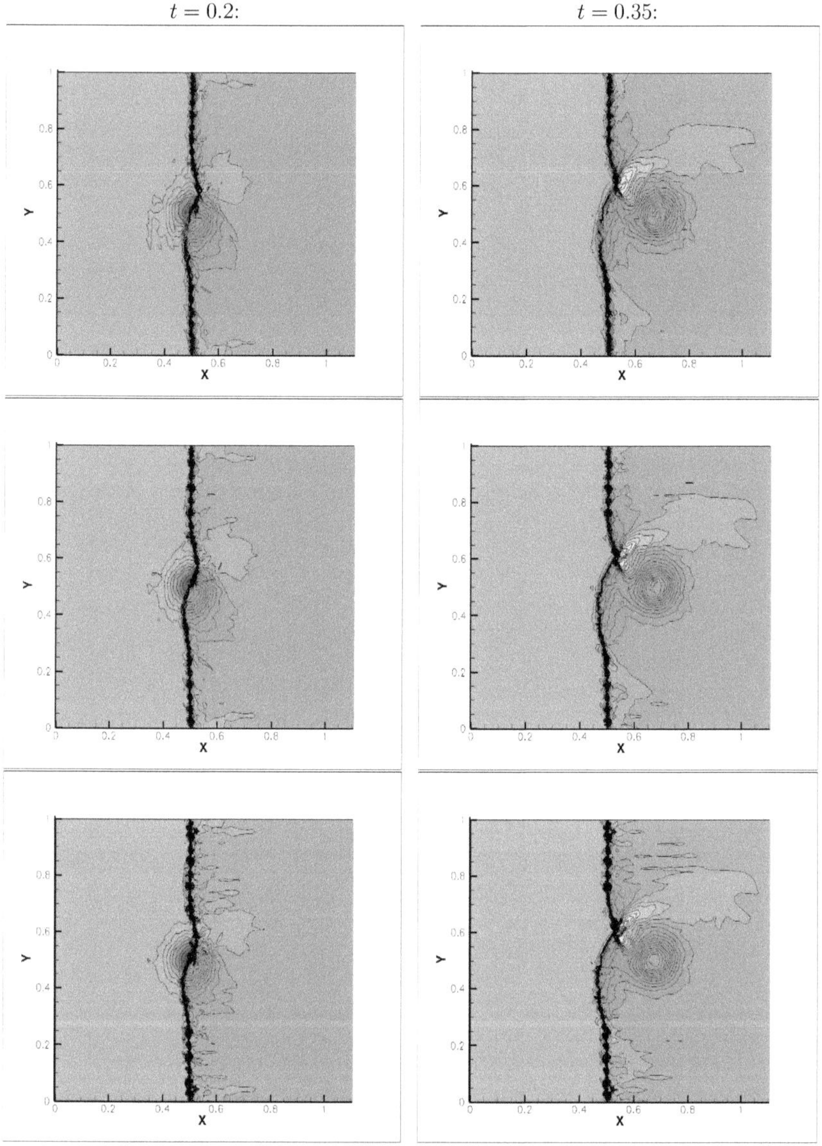

Abbildung 6.7 PKD-SDM ohne u-Rekonstruktion, $n = 2$, Filterstärke $c = 10$, Filterordnung von oben nach unten: $p = 2, 3, 4$.

$t = 0.6$: $t = 0.8$:

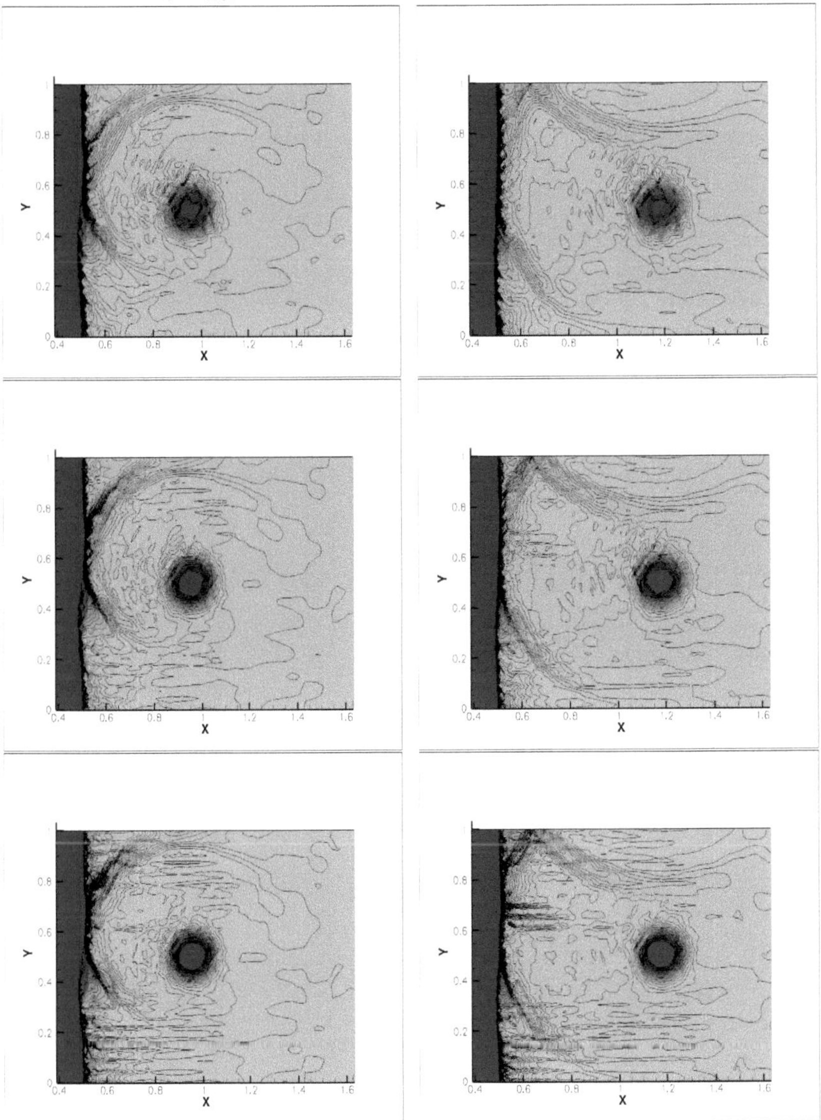

Abbildung 6.8 PKD-SDM ohne u-Rekonstruktion, $n = 2$, Filterstärke $c = 10$, Filterordnung von oben nach unten: $p = 2, 3, 4$.

$t = 0.2$: $t = 0.35$:

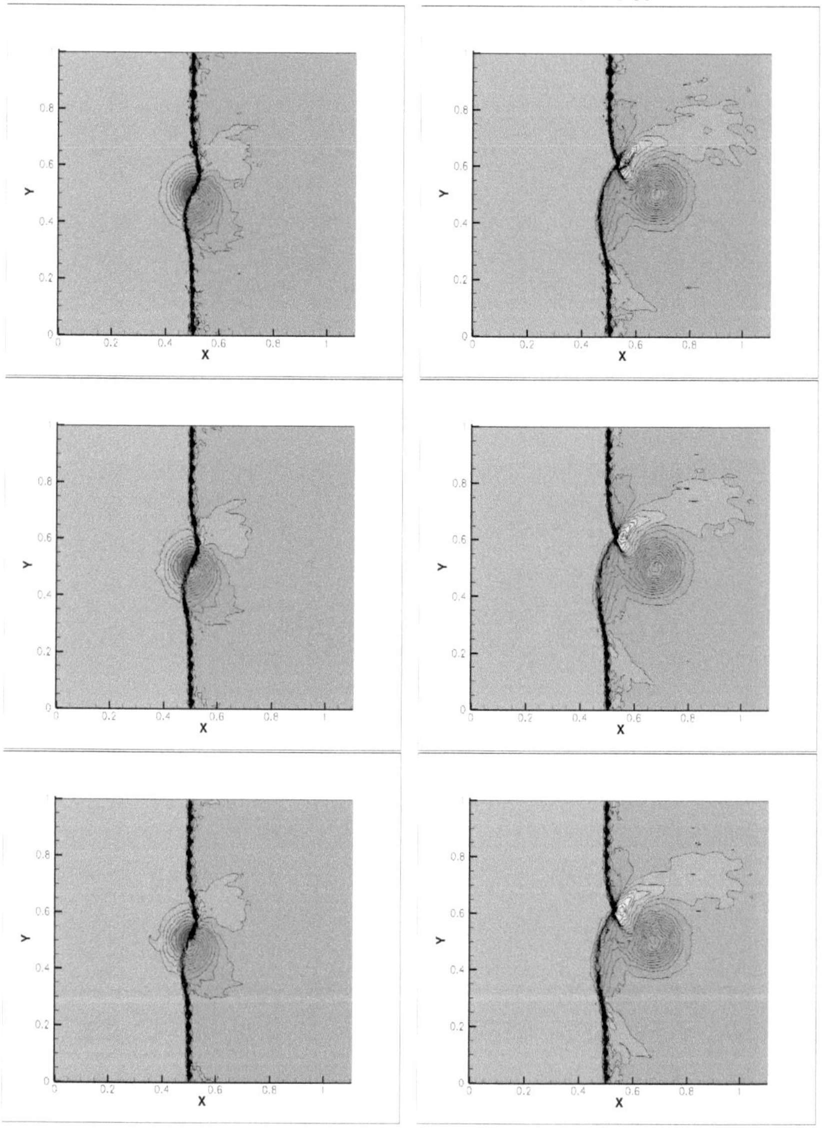

Abbildung 6.9 PKD-SDM ohne u-Rekonstruktion, $n = 3$, Filterordnung $p = 3$, Filterstärke von oben nach unten: $c = 6, 10, 14$.

$t = 0.6$: $t = 0.8$:

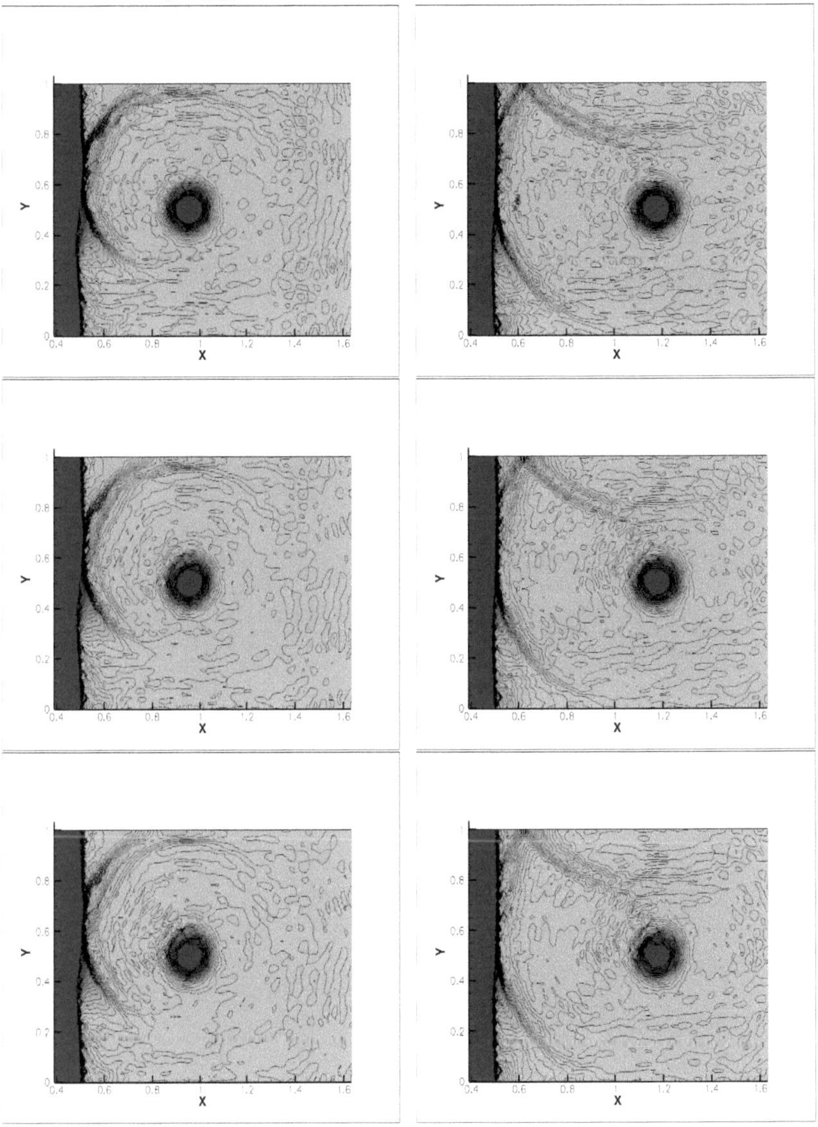

Abbildung 6.10 PKD-SDM ohne u-Rekonstruktion, $n = 3$, Filterordnung $p = 3$, Filterstärke von oben nach unten: $c = 6, 10, 14$.

$t = 0.2$: $t = 0.35$:

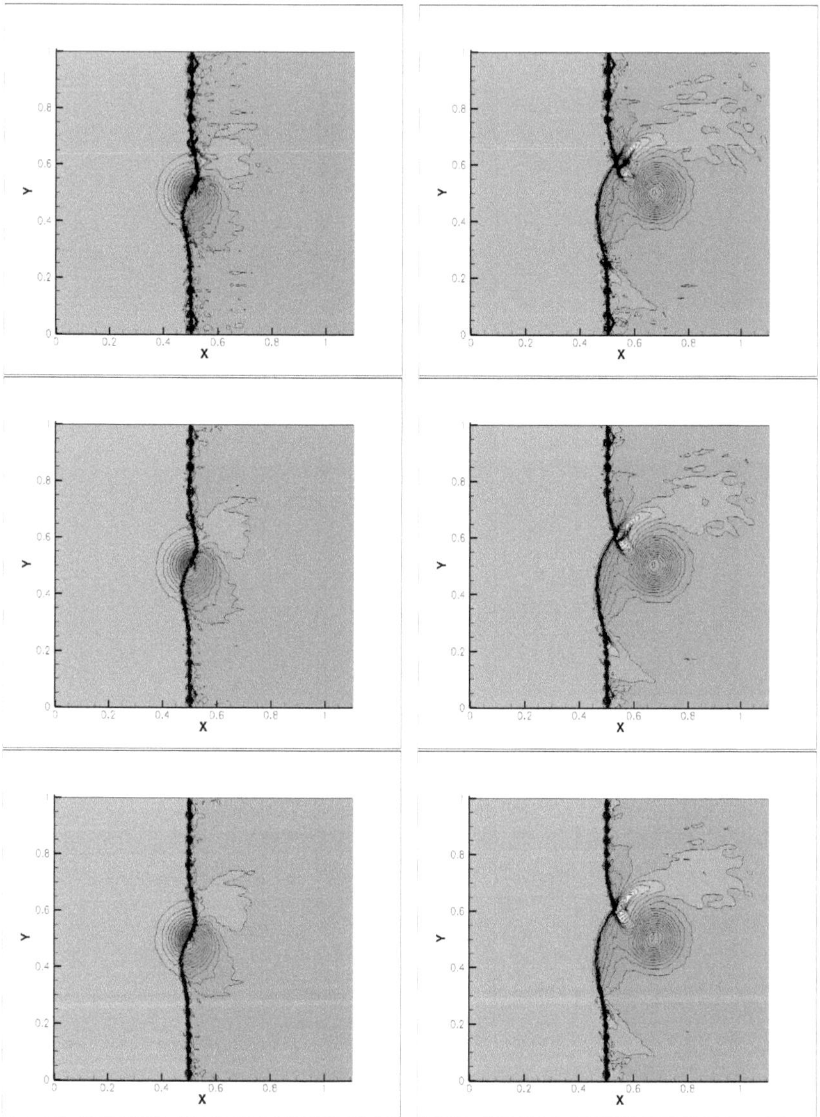

Abbildung 6.11 PKD-SDM ohne u-Rekonstruktion, $n = 3$, Filterordnung $p = 4$, Filterstärke von oben nach unten: $c = 6, 10, 14$.

$t = 0.6$: $t = 0.8$:

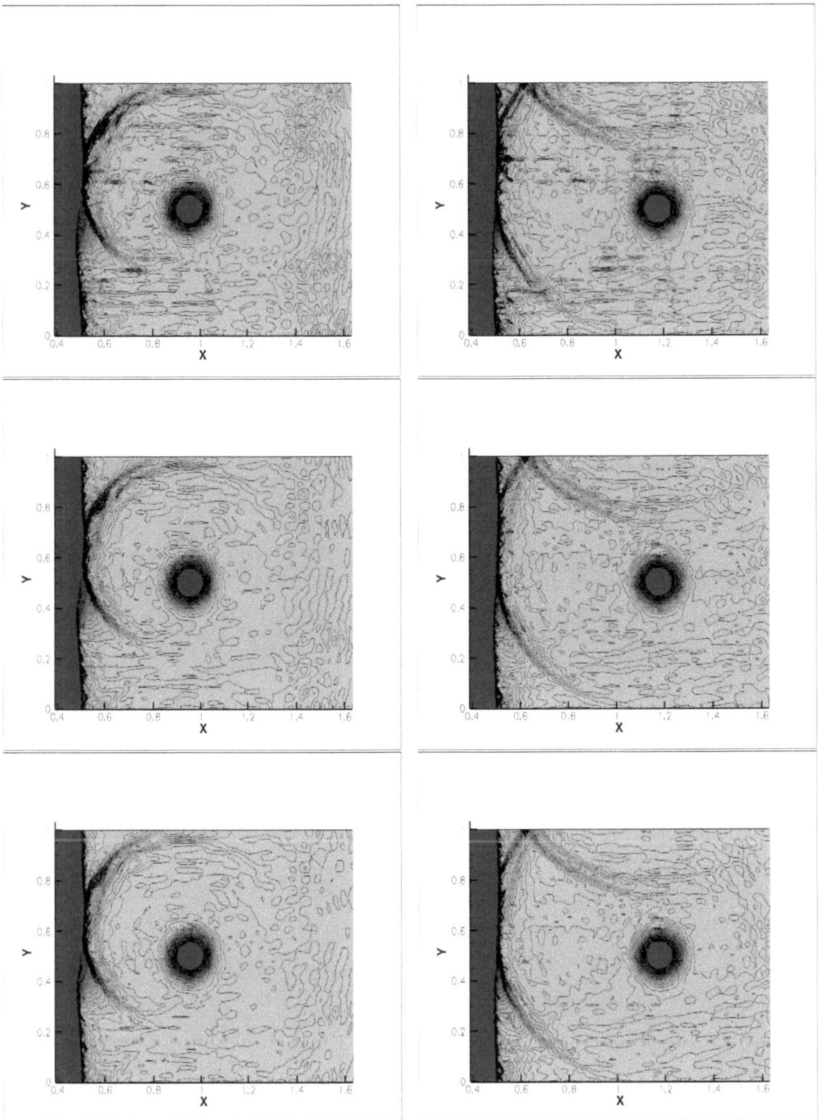

Abbildung 6.12 PKD-SDM ohne u-Rekonstruktion, $n = 3$, Filterordnung $p = 4$, Filterstärke von oben nach unten: $c = 6, 10, 14$.

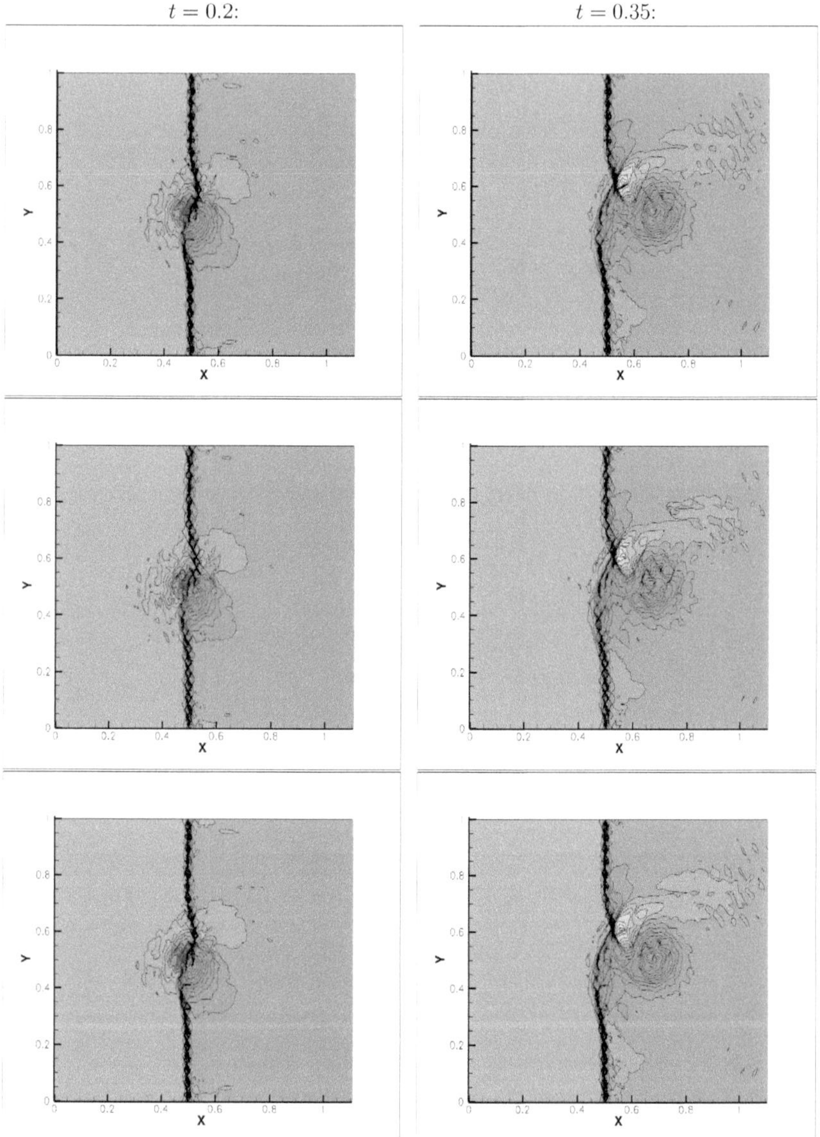

Abbildung 6.13 PKD-SDM ohne u-Rekonstruktion, $n = 4$, Filterordnung/-stärke von oben nach unten: $p = 4$, $c = 10$; $p = 4$, $c = 18$; $p = 5$, $c = 22$.

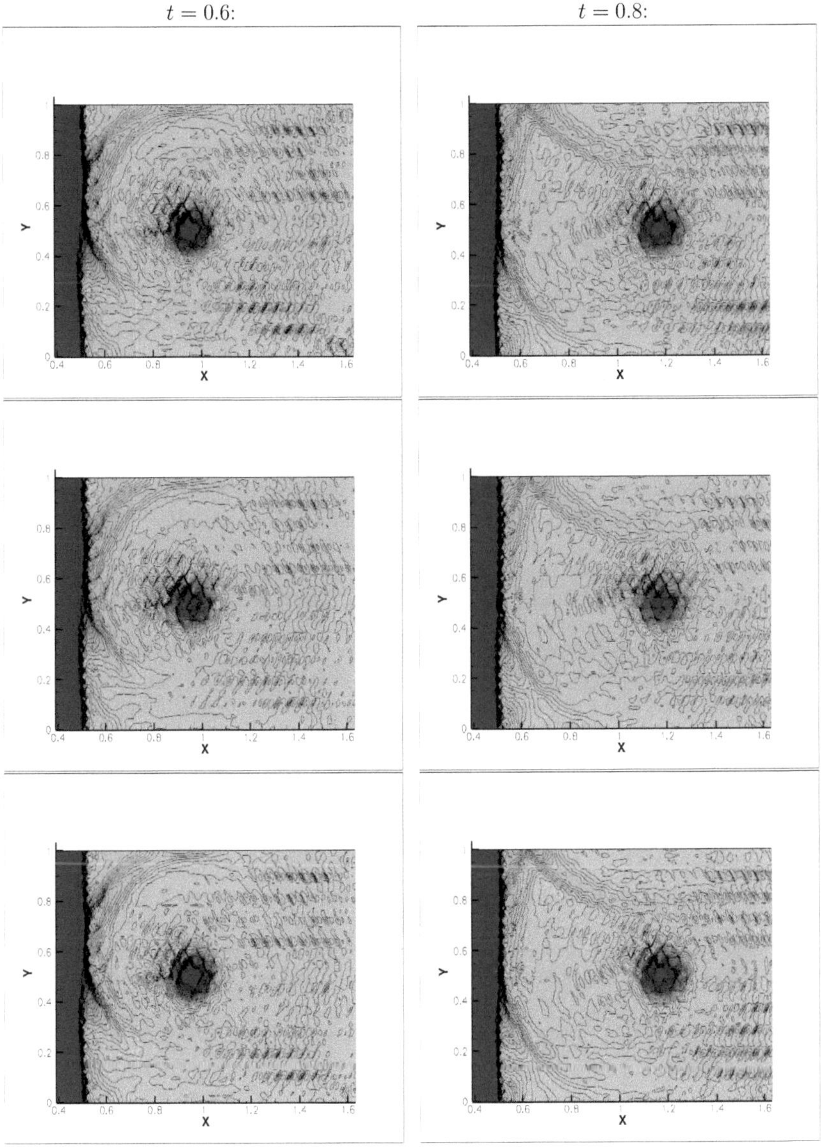

Abbildung 6.14 PKD-SDM ohne u-Rekonstruktion, $n = 4$, Filterordnung/-stärke von oben nach unten: $p = 4$, $c = 10$; $p = 4$, $c = 18$; $p = 5$, $c = 22$.

6.3 Einsatz der Kantendetektierung in der SDM

In diesem Abschnitt wird die Übertragbarkeit der Kantendetektierung aus Kapitel 5 auf die SDM untersucht. Dabei wird die Detektierung zunächst auf jedem Dreieck durchgeführt. Es ist zu erwarten, dass aufgrund der im Allgemeinen fehlenden Periodizität über die Dreieckskanten hinweg in der Nähe der Kanten Oszillationen entstehen. Ein Dreieck kann also als kritisch markiert werden, wenn auch im Inneren Oszillationen gefunden werden. In Abschnitt 6.3.1 werden die untersuchten Testfälle vorgestellt und die Kantendetektierung sowohl mit dem klassischen Interpolationsansatz als auch mit der neuen Umrechnungsformel durchgeführt. Abschnitt 6.3.2 vergleicht die Fourierbasierte Detektierung mit dem bisherigen Stoßindikator. Da sich die Laufzeit des Verfahrens durch Anwendung in jedem Dreieck erheblich erhöht, wird in Abschnitt 6.3.3 ein möglicher *globaler* Einsatz der Kantendetektierung im SD-Verfahren diskutiert.

6.3.1 Untersuchung der direkten Fourierkoeffizientenberechnung

Der erste Testfall entspricht dem Fall (Q1) aus Abschnitt 5.5, also der Detektierung eines Sprungs der Höhe 1 auf dem Einheitskreis mit periodischen Randbedingungen. Im zweiten Fall ist die Sinusschwingung aus Beispiel 6.2.1 für $y < 1 - x$ vorgegeben, und 2 sonst. Damit ergibt sich eine Sprungunstetigkeit der Höhe 1.75 auf $y = 1 - x$. Da keine Periodizität über den Rand hinweg und insbesondere auch nicht an den Dreiecksrändern im Sinusteil besteht, kann hier das Verhalten der Kantendetektierung unter nichtperiodischen Bedingungen geprüft werden. Der dritte Testfall entspricht der Stoß-Wirbel-Interaktion aus Abschnitt 6.2.2.
Alle Tests wurden mit zwei Ansätzen durchgeführt. Zum einen wurden die Werte der Funktion mit den PKD-Polynomen an den äquidistanten Stützstellen, die für die diskreten Fourierkoeffizienten benötigt werden, rekonstruiert. Zum anderen wurden die Fourierkoeffizienten mithilfe von Satz 5.4.1 direkt aus den PKD-Koeffizienten $\hat{u}_{\ell m}$ bestimmt. In allen Testfällen zeigt der zweite Ansatz ein deutlich besseres Resultat, wobei die Kanten der Dreiecke bei nichtperiodischen Bedingungen in beiden Ansätzen zu erkennen sind. Im stückweise konstanten Fall des Einheitskreises fällt auf, dass die Detektierung mit der Partialsumme in zwei Variablen ein genaueres Ergebnis liefert als die Partialsummen in einer Variablen. Im zweiten Test stechen die stärkeren Oszillationen beim Rekonstruktionsansatz hervor, die im dritten Fall schließlich so stark sind, dass sie eine Detektierung verhindern. Der Umrechnungsansatz hingegen liefert auch bei dem feinen Gitter ein sehr gutes Ergebnis und war (bereits bei einmaliger Berechnung) ca. 50% schneller.

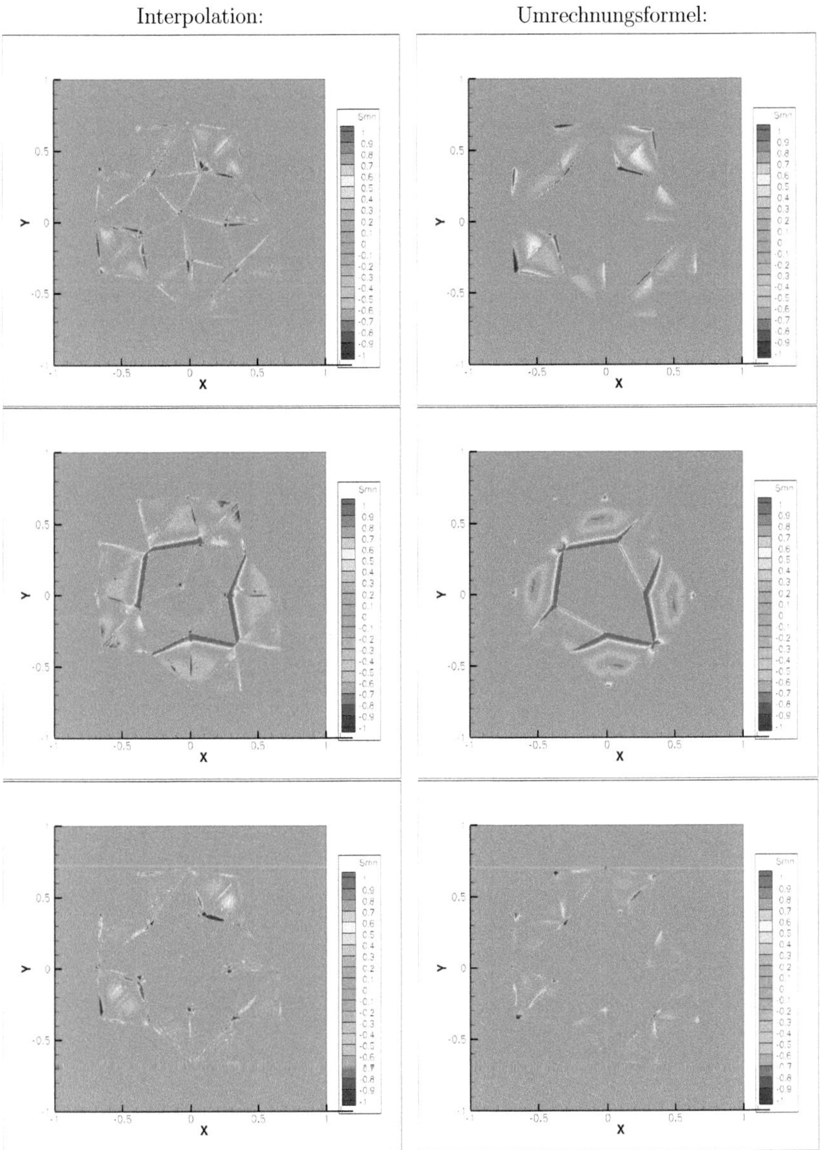

Abbildung 6.15 Fourier-Kantendetektierung poeriodischer Testfall, $n = 10$, 68 Dreiecke, von oben nach unten: $\widetilde{\mathfrak{S}}^x_{nn}f$, $\widetilde{\mathfrak{S}}^y_{nn}f$, $\widetilde{\mathfrak{S}}_{nn}f$.

Interpolation: Umrechnungsformel:

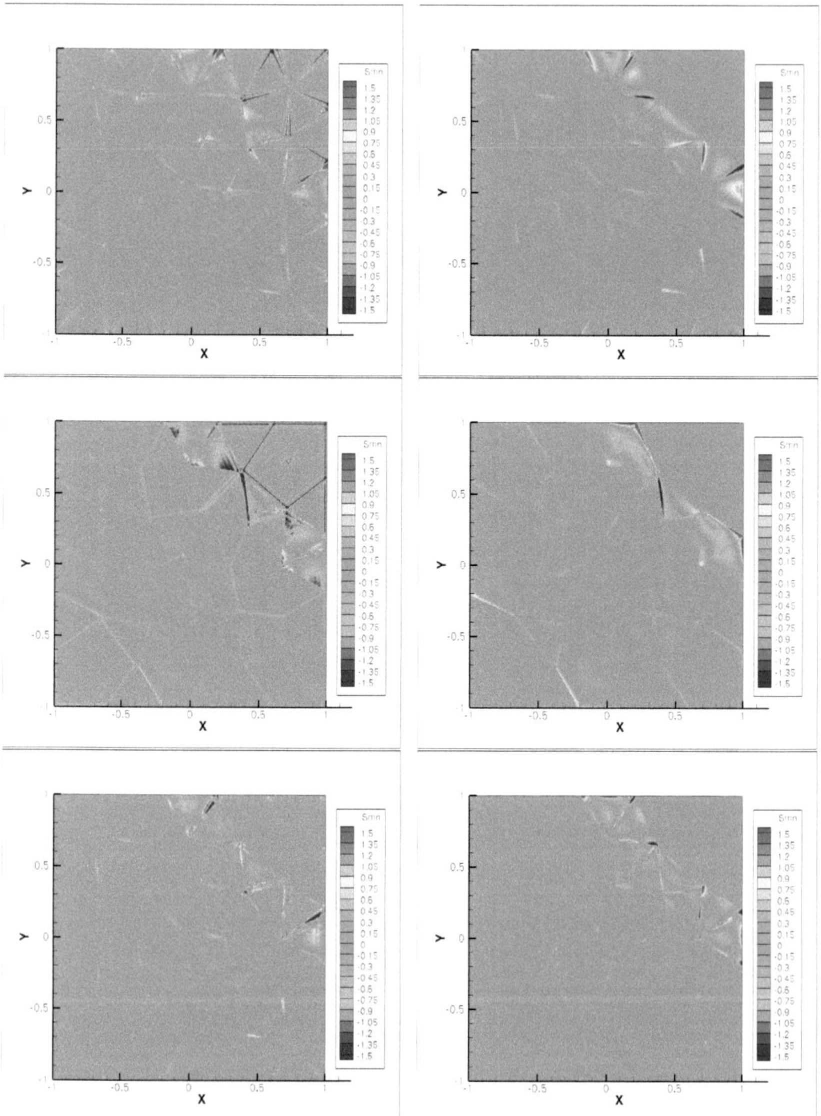

Abbildung 6.16 Fourier-Kantendetektierung nichtperiodischer Testfall, $n = 10$, 68 Dreiecke, von oben nach unten: $\widetilde{\mathfrak{S}}^x_{nn} f$, $\widetilde{\mathfrak{S}}^y_{nn} f$, $\widetilde{\mathfrak{S}}_{nn} f$.

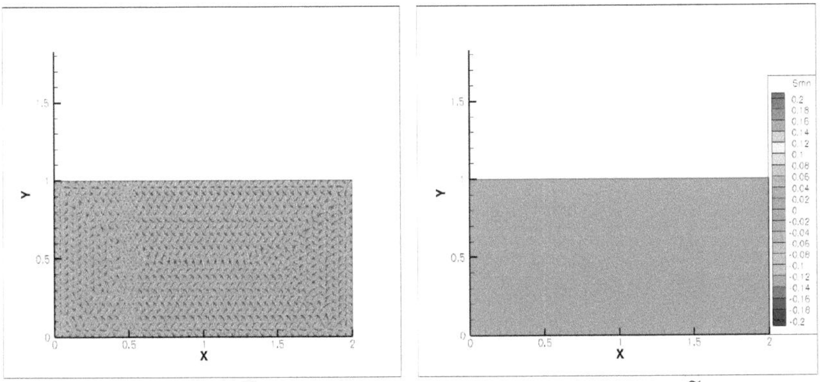

Interpolation $\widetilde{\mathfrak{S}}^x_{nn}f$ Umrechnungsformel $\widetilde{\mathfrak{S}}^x_{nn}f$

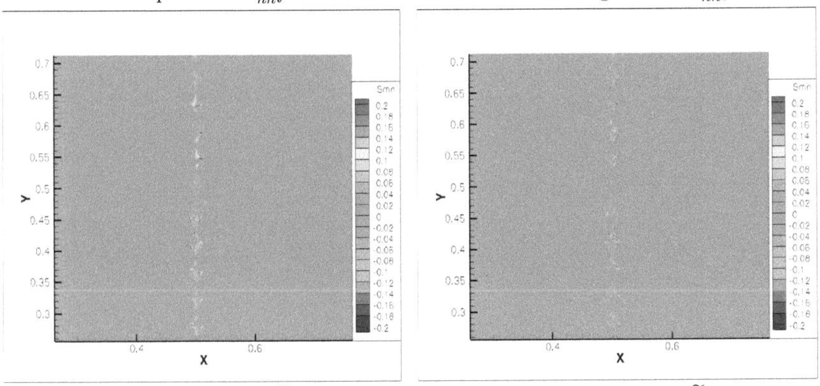

Umrechnungsformel $\widetilde{\mathfrak{S}}^x_{nn}f$ Umrechnungsformel $\widetilde{\mathfrak{S}}_{nn}f$

Abbildung 6.17 Fourier-Kantendetektierung für die Anfangsbedingung der Stoß-Wirbel-Interaktion, $n = 10$, 2122 Dreiecke.

6.3.2 Vergleich mit dem koeffizientenbasierten Stoßindikator

In diesem Abschnitt soll verglichen werden, welche Dreiecke von den jeweiligen Indikatoren als kritischer Bereich markiert werden und inwiefern dieser mit den tatsächlichen Unstetigkeitsstellen übereinstimmt. Dafür wurden die drei Testfälle aus dem vorigen Kapitel herangezogen und mit verschiedenen Parametern für beide Indikatoren durchgeführt. Die Ergebnisse sind in den Abbildungen 6.18 - 6.22 zu sehen.
Die Fourier-Kantendetektierung zeigt in allen Fällen ein besseres Resultat, insbesondere wenn nur die Standardeinstellung für den koeffizientenbasierten Indikator (Abschneiden der Filterung bei 0.01) gewählt wurde. Auch ein Erhöhung des filterfreien Bereichs auf 0.1 zeigte keine wesentliche Verbesserung für den Indikator s_{res}. Die detektierten Bereiche sind insbesondere für die Testfälle mit größeren Sprüngen (der Höhe 1 für den Kreis und 1.75 für den Sinusfall) viel zu groß. Zwar verkleinerte sich der detektierte Bereich im Sinusfall für höheren Polynomgrad (vergleiche Abbildung 6.21), erreichte aber bei weitem nicht die Genauigkeit des Fourierbasierten Indikators.
Ein weiterer Vorteil der Fourier-Kantendetektierung ist, dass die Höhe der Oszillationen etwas besser abgeschätzt werden kann als beim koeffizientenbasierten Indikator, da die konjugierten Partialsummen gegen die jeweiligen Sprunghöhen der Funktion konvergieren. Ist also eine Sprunghöhe h_J im Gebiet bekannt, liefert der Schwellenwert $J_{\text{krit}} \approx \dfrac{h_J}{2}$ gute Ergebnisse. Bei mehreren unterschiedlichen Höhen sollte die minimale Höhe gewählt werden, da sie ansonsten nicht detektiert werden könnte. Bei unbekannter Sprunghöhe kann die potenzierte Partialsumme zum Einsatz kommen, die auch mit wenigen Fourierkoeffizienten eine genaue Approximation liefert.
Die Eignung der Kantendetektierung für die SDM wurde auch für den Burgers-Testfall aus Abschnitt 6.2.1 geprüft und mit dem bisherigen Indikator verglichen. Abbildung 6.23 zeigt, dass schon bei einem ungünstigen Schwellenwert $J_{\text{krit}} = 0.2$ (der zu niedrig gewählt wurde) eine genauere, glattere Lösung zu erkennen ist. Allerdings ist ein großer Nachteil dieser lokalen Detektierung auf jedem Dreieck der Triangulierung die hohe Laufzeit, die ein Vielfaches der Laufzeit des koeffizientenbasierten Indikators beträgt, so dass an dieser Stelle für zukünftige Arbeiten angesetzt werden sollte. Ein möglicher Ansatz ist im nächsten Abschnitt skizziert.

Koeffizientenbasiert: Fourierbasiert:

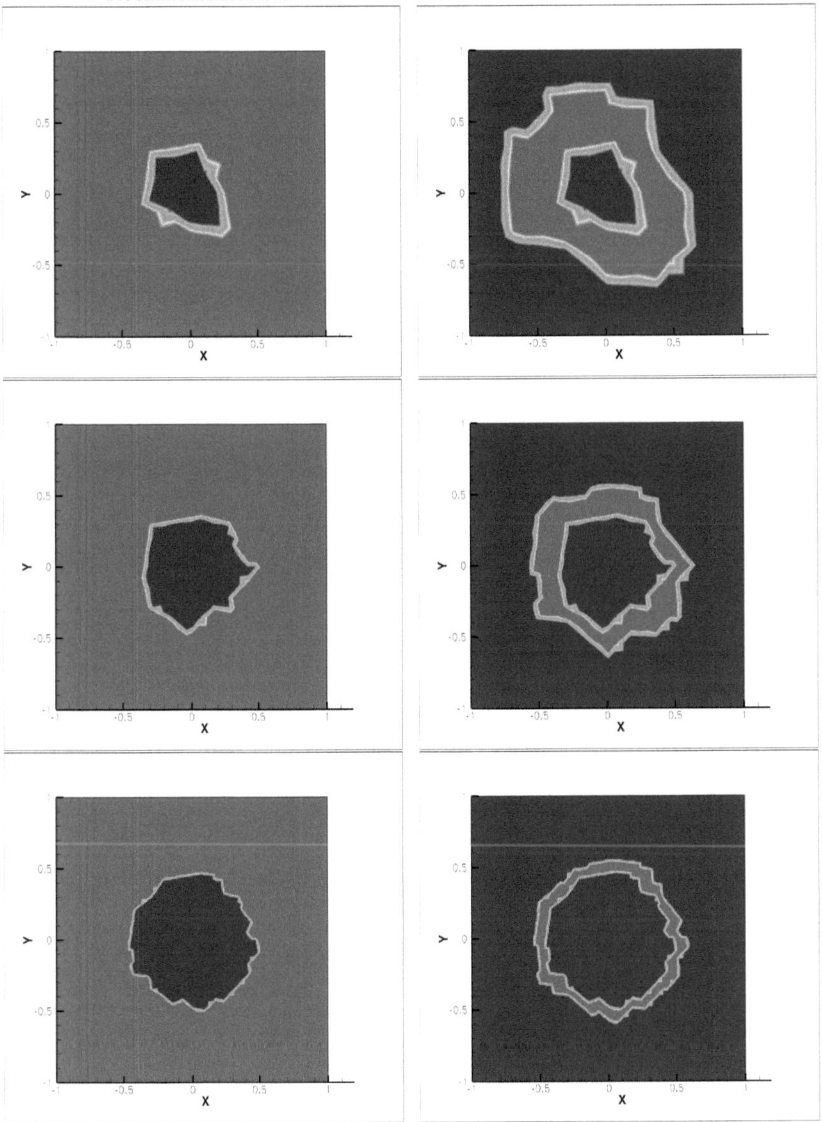

Abbildung 6.18 Detektierter Unstetigkeitsbereich (rot) im Testfall Kreis, $J_{\text{krit}} = 0.5$, Anzahl der Dreiecke von oben nach unten: 68, 272, 1088.

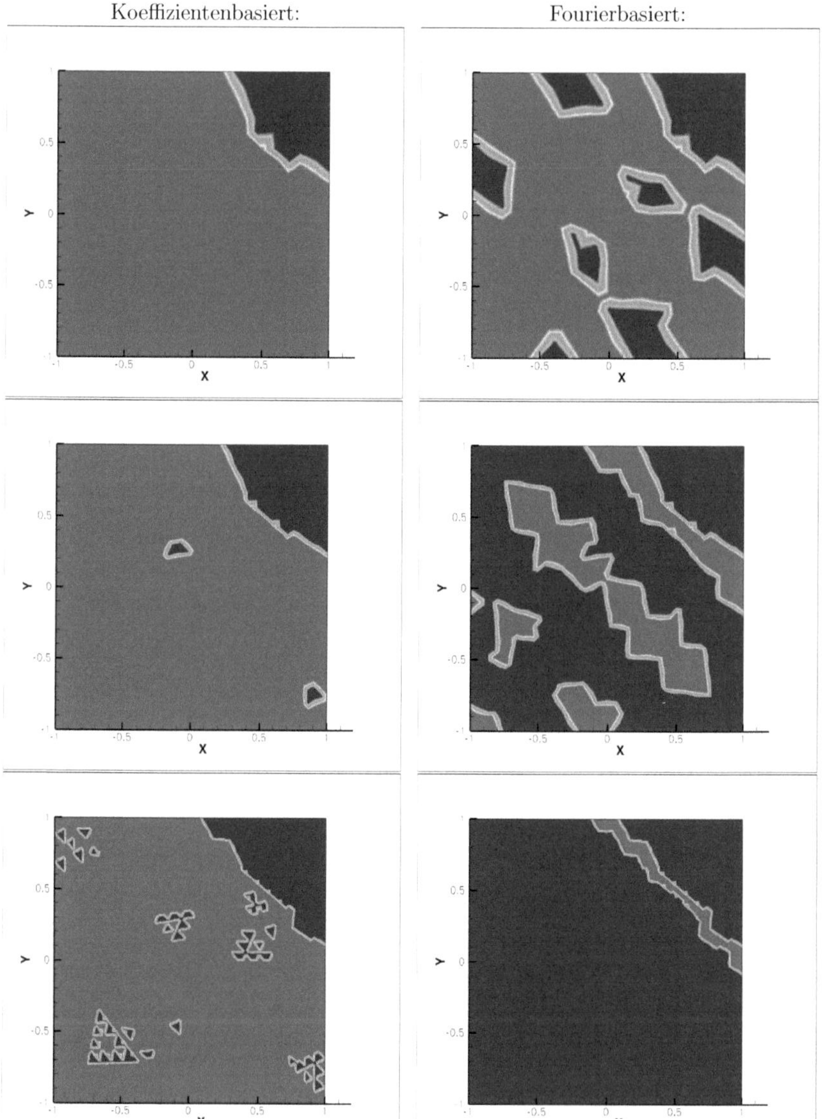

Abbildung 6.19 Detektierter Unstetigkeitsbereich (rot) im Testfall Sinus mit Sprung, $J_{\text{krit}} = 0.5$, Anzahl der Dreiecke von oben nach unten: 68, 272, 1088.

Koeffizientenbasiert: Fourierbasiert:

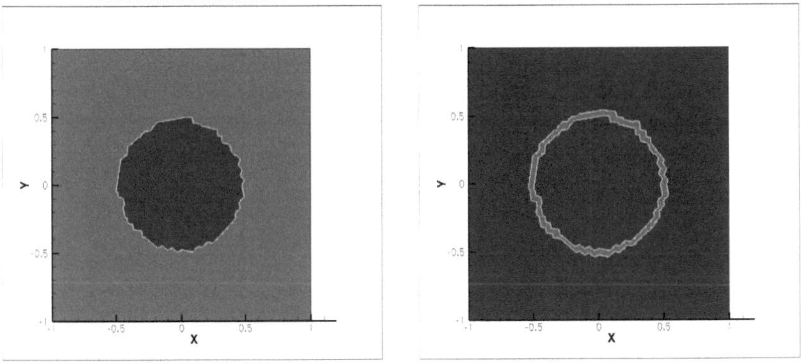

Abbildung 6.20 Detektierter Unstetigkeitsbereich (rot) im Testfall Kreis, $J_{\text{krit}} = 0.5$, 4352 Dreiecke. Kein Unterschied zwischen SDM 4. und 6. Ordnung sichtbar.

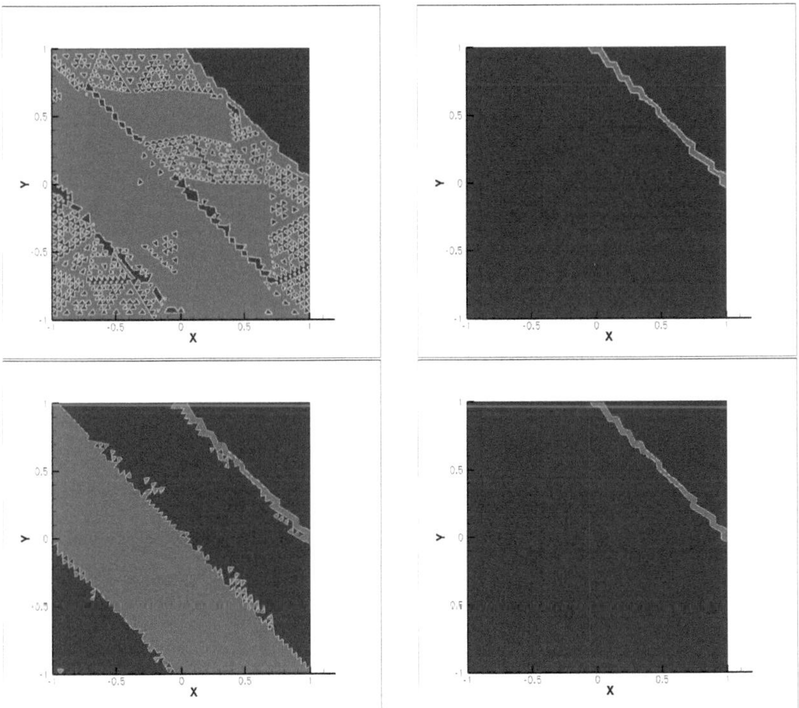

Abbildung 6.21 Detektierter Unstetigkeitsbereich (rot) im Testfall Sinus mit Sprung, $J_{\text{krit}} = 0.5$, 4352 Dreiecke. SDM 4. Ordnung, unten 6. Ordnung.

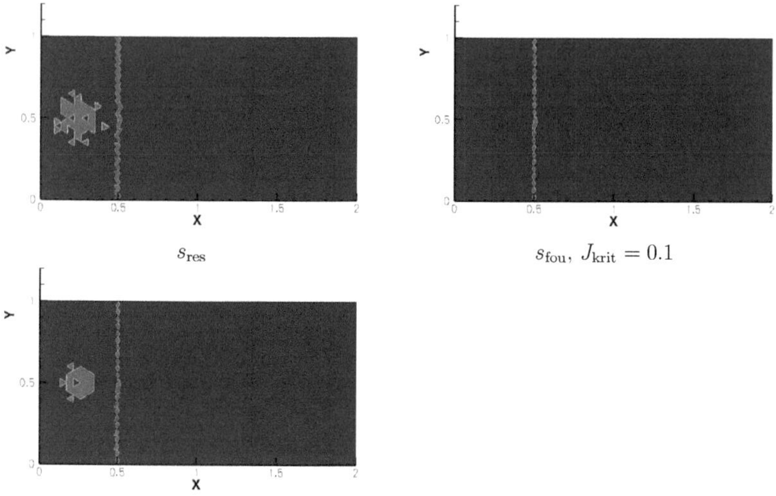

s_{fou}, $J_{\text{krit}} = 0.05$

Abbildung 6.22 Detektierter Unstetigkeitsbereich (rot) im Testfall der Stoß-Wirbel-Interaktion, 2122 Dreiecke.

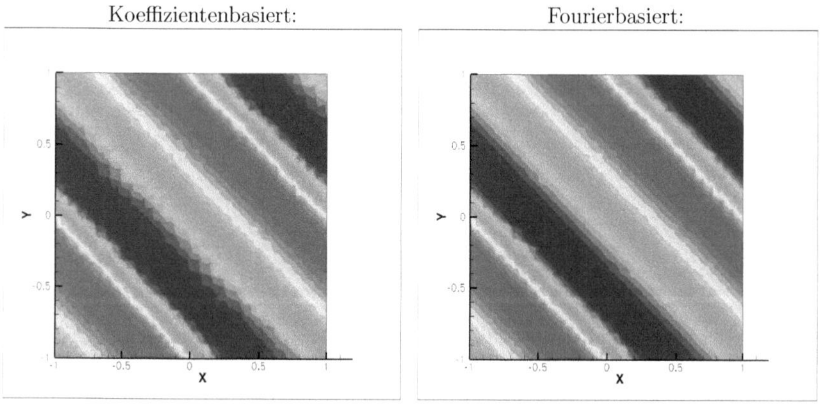

Abbildung 6.23 Burgers-Gleichung aus Abschnitt 6.2.1 mit verschiedenen Indikatoren, Zeit $t = 0.15$, SDM 4. Ordnung, 1088 Dreiecke, $J_{\text{krit}} = 0.2$.

6.3.3 Globaler Einsatz der Detektierung

Da die auf konjugierten Partialsummen basierende Kantendetektierung bei höherer Anzahl der Fourierkoeffizienten sehr genaue Auskunft über die Lage der Unstetigkeitsstellen liefert, könnte sie auch global auf dem ganzen Gebiet Ω genutzt werden, um anschließend die kritischen Zellen des zerlegten Gebiets zu markieren. Dafür wären zwei gekoppelte Gitter notwendig: Einerseits die vom Verfahren selbst benötigte Triangulierung, und andererseits ein äquidistantes Gitter, das so fein ist, dass in jedes Element der Triangulierung mindestens eine äquidistante Stützstelle fällt. Ansonsten würden die Informationen aus diesem Element in der Berechnung der Partialsumme nicht berücksichtigt und eventuelle Sprungstellen übersehen. Ein Beispiel solcher Gitter ist in Abbildung 6.24 zu sehen.

Bei einer konformen Triangulierung ist das Gebiet $\Omega = \bigcup_{j=1}^{N_\mathcal{T}} \tau_j$ disjunkt in Dreiecke τ_j zerlegt, so dass die Fourierkoeffizienten direkt aus den modalen Koeffizienten in den einzelnen Elementen bestimmt werden können, und zwar durch

$$\begin{aligned}
\hat{\mathfrak{f}}_{\xi\eta} &= \int_\Omega u(x,y)\mathrm{e}^{-\mathrm{i}(\xi x+\eta y)}\,\mathrm{d}(x,y) \\
&= \sum_{j=1}^{N_\mathcal{T}} \int_{\tau_j} u^j(x,y)\mathrm{e}^{-\mathrm{i}(\xi x+\eta y)}\,\mathrm{d}(x,y) \\
&= \sum_{j=1}^{N_\mathcal{T}} \sum_{\ell=0}^{m} \sum_{m=0}^{n-\ell} \hat{u}^j_{\ell m} \underbrace{\int_{\tau_j} \varphi_{\ell m}\left(\psi^{-1}(x,y)\right)\mathrm{e}^{-\mathrm{i}(\xi x+\eta y)}\,\mathrm{d}(x,y)}_{=:(*)} .
\end{aligned}$$

Die Koeffizienten $(*)$ lassen sich wie in Abschnitt 5.4 exakt berechnen und müssten nur einmalig gespeichert werden, um sie in allen Zeitschritten zur Bestimmung der Fourierkoeffizienten nutzen zu können. Die konjugierten Partialsummen könnten dann für das ganze Gebiet Ω berechnet und anschließend die Dreiecke markiert werden, durch die mindestens eine Sprungunstetigkeit läuft. Die dafür benötigte Kopplung der beiden Gitter wäre zum Beispiel durch eine feste Zuordnungliste für fixe Gitter (jede Stützstelle besitzt ein Attribut τ_j, jedes Dreieck eine Liste an Stützstellen) oder sogenannte Transferoperatoren gegeben. Diese sind unter anderem in [55] beschrieben. Da mit dieser globalen Formulierung wesentlich weniger Fourierkoeffizienten ausgewertet werden müssten, könnte sich die Laufzeit erheblich verringern. Es müsste aber insbesondere untersucht werden, wie fein das äquidistante Gitter in Relation zur Triangulierung gewählt sein muss, um eine genaue Detektierung der Unstetigkeitsstellen zu erzielen.

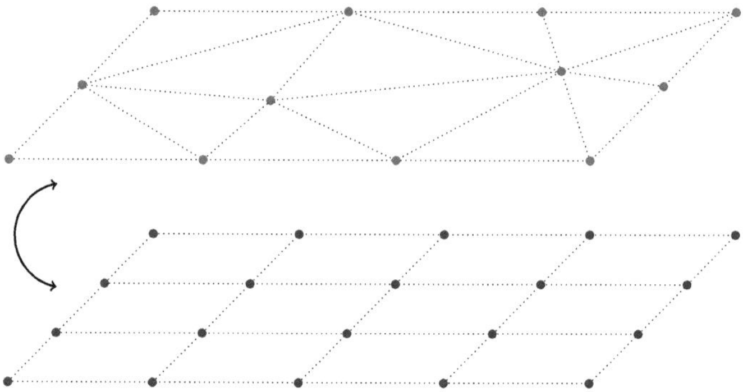

Abbildung 6.24 Gekoppelte Gitter, oben eine Triangulierung, unten äquidistante Stützstellen.

7 Zusammenfassung und Ausblick

In dieser Arbeit wurde zum einen ein Spektrale-Differenzen-Verfahren mit modaler Filterung behandelt und zum anderen eine zweidimensionale Kantendetektierung basierend auf konjugierten Fourierreihen weiterentwickelt sowie ihr Einsatz für lokale Verfahren geprüft.

Der Ansatz der Spektrale-Differenzen-Methode wurde auf allgemeine Basispolynome erweitert und insbesondere für die vorgestellte PKD-Basis untersucht. Dies führte zu einer besseren Konditionierung der genutzten Transformationsmatrizen, aber auch zu höheren Laufzeiten durch die zusätzliche Bestimmung der modalen Koeffizienten aus den diskreten Daten. Die Fluss- und Lösungspunkte wurden auf 2D-Lobatto-Punkte gesetzt und führten, abhängig vom Testfall, zu hohen Konvergenzordnungen. Die leichte Instabilität des Verfahrens konnte so allerdings nicht behoben werden, weshalb eine stabile Alternative basierend auf zweidimensionalen Ansatzpolynomen für den Fluss $\mathcal{F}$ zitiert wurde. Um diesen Ansatz jedoch auf höhere Ordnungen zu erweitern, müssten in zukünftigen Untersuchungen erst geeignete Punktverteilungen der Flusspunkten gefunden werden, die auch tatsächlich zu einer stabilen Methode führen. Dann könnten jedoch alle nachfolgenden Strategien prinzipiell auch in dieser Variante des Spektrale-Differenzen-Verfahrens eingesetzt werden.
Ein wesentlicher Punkt dieser Arbeit war die Untersuchung der modalen Filterung im Kontext der nodalen SDM. Dazu wurde die Wahl des Filters aus einem Zusammenhang modaler Filterung mit einer viskosen Formulierung der Erhaltungsgleichung motiviert, die in ähnlicher Form bereits auf Fourier- und DG-Verfahren angewandt wurde. Die Nutzung dieser Filter in der SDM lieferte für die vorgestellten Testfälle gute Resultate, wobei jeweils geeignete Filterparameter gewählt werden mussten. Um die Parameterwahl weiter einzuschränken wäre ein Konvergenzbeweis für die Viskositätsformulierung der SDM für weitere Forschungsarbeiten interessant, der jedoch weitreichende Abschätzungen der genutzten PKD-Polynome voraussetzt.
Eine weitere Prämisse für den erfolgreichen Einsatz der modalen Filterung ist eine möglichst genaue Kantendetektierung, die dafür sorgt, dass der glatte Bereich nicht gefiltert und somit die hohe Ordnung erhalten wird.
Daher bestand ein weiterer Schwerpunkt der Arbeit in der Untersuchung der Anwendbarkeit einer Kantendetektierung basierend auf konjugierten Fourier-Partialsummen, die bereits im Kontext spektraler Verfahren zum Einsatz kam. Dazu wurden bestehende Konvergenzresultate aus dem eindimensionalen Fall, der bislang nur durch Festhalten einer Variable in zwei Raumdimensionen ausgeweitet wurde, auch auf den Fall der konjugierten Fourierreihe in zwei Variablen vervollständigt. Im Gegensatz zum eindimensionalen Ansatz konvergieren die konjugierten Fourier-Partialsummen in zwei Variablen gegen die Sprünge in den gemischten partiellen Ableitungen der zugrunde liegenden Funktion, und nicht gegen die Sprünge in x- beziehungsweise y-Richtung. Diese Kon-

zentrationseigenschaft wurde nun auch für verallgemeinerte konjugierte Partialsummen in zwei Variablen sowohl für stetige als auch diskrete Konzentrationsfaktoren bewiesen. Weiterhin wurde diese Eigenschaft in numerischen Tests belegt und die Wirkung verschiedener Konzentrationsfaktoren verglichen.
Zudem konnte eine direkte Berechnungsformel der Fourier- aus den PKD-Koeffizienten hergeleitet werden, die eine zusätzliche Rekonstruktion für den Fall, dass keine äquidistanten Stützstellen vorliegen, vermeiden lässt. Der Einsatz dieser Formel in der SDM zeigte deutlich bessere Ergebnisse als der klassische Ansatz der Rekonstruktion der zugrunde liegenden Funktion an äquidistanten Stützstellen und führte außerdem zu einer Laufzeitverbesserung. Auch im Vergleich mit der bislang verwendeten Kantendetektierung basierend auf Koeffizienten der Reihenentwicklung wies die SDM eine schärfere Detektierung der Sprungstellen auf, wobei wieder ein geeigneter Schwellenwert gewählt werden musste. Durch die Nutzung der potenzierten konjugierten Partialsummen konnte der Schwellenwert jedoch einfacher eingestellt werden als beim koeffizientenbasierten Indikator. Letzterer liegt allerdings im Laufzeitvergleich weit vorne, da bei der Bestimmung der konjugierten Fourier-Partialsummen nicht nur die Fourierkoeffizienten, sondern auch die Werte der Partialsumme selbst an äquidistanten Stützstellen bestimmt werden müssen. Trotz einer effizienten Implementierung (Abbruch ab Überschreitung des Schwellenwerts an der ersten Stützstelle) und relativ wenigen Fourierkoeffizienten war die Fourierbasierte Detektierung deutlich langsamer.
Eine weiterführende Idee zur besseren Nutzbarkeit im Kontext lokaler Verfahren wurde am Schluss der Arbeit vorgestellt. Da die Fourierbasierte Kantendetektierung sehr genau ist, könnte sie lediglich global auf dem Gebiet Ω und nicht lokal auf allen Dreiecken eingesetzt werden. Dafür wäre neben der Triangulierung ein Gitter aus äquidistanten Stützstellen nötig, an denen die Werte der konjugierten Partialsummen bestimmt würden. Die Berechnung der Fourierkoeffizienten könnte durch Zerlegung des Integrals in die einzelnen Dreiecke und dortiger Umrechnung aus den PKD-Koeffizienten stattfinden. Hier eröffnen sich aber zahlreiche Fragen, unter anderem nach der Kopplung der Gitter, Verteilung der Stützstellen und natürlich einer effizienten Implementierung, so dass hier Raum für zukünftige Forschungsvorhaben besteht.
Da die vorgestellte Kantendetektierung nicht auf die SDM beschränkt ist, kann sie problemlos auf andere Verfahren übertragen werden. Hierbei wäre eine Nutzung im Kontext modaler Verfahren besonders effizient, da die modalen Koeffizienten direkt vorliegen und es somit nochmals einen Laufzeitvorteil gäbe.

Zusammenfassend lässt sich feststellen, dass sowohl die modale Filterung als auch die Kantendetektierung zu positiven Ergebnissen im Kontext des Spektrale-Differenzen-Verfahrens geführt hat, auch wenn die SDM an sich verbesserungswürdig erscheint. Aus den Untersuchungen heraus sind zahlreiche Anwendungsmöglichkeiten in anderen Bereichen entstanden, wobei sich insbesondere die Fourierbasierte Kantendetektierung aufgrund ihrer Genauigkeit als vielversprechend herausstellte.

A Anhang

A.1 Explizite Darstellung der reellwertigen Integrale

Satz A.1.1. *Die Funktionen H und G aus Lemma 5.4.3 können explizit angegeben werden durch*

$$H(\xi,j)=\begin{cases}0, & j=0\vee\xi=0,\\ \sum_{\mu=0}^{\lfloor\frac{j}{2}\rfloor}\Bigg(\frac{(-1)^{\mu}}{(\pi\xi)^{2\mu+1}}(j-2\mu+1)_{2\mu}(-2)^{j-2\mu}\cos(\pi\xi) & \\ \quad+\frac{(-1)^{\mu+1}}{(\pi\xi)^{2\mu+2}}(j-2\mu+2)_{2\mu+1}(-2)^{j-(2\mu+1)}\sin(\pi\xi)\Bigg), & \textit{sonst,}\end{cases}$$

und

$$G(\xi,j)=\begin{cases}2, & j=0\wedge\xi=0,\\ \frac{2}{\pi\xi}\sin(\pi\xi x), & j=0\wedge\xi\neq 0,\\ \frac{(-2)^{j+1}}{j+1}, & j\neq 0\wedge\xi=0,\\ \sum_{\mu=0}^{\lfloor\frac{j}{2}\rfloor}\Bigg(\frac{(-1)^{\mu+1}}{(\pi\xi)^{2\mu+1}}(j-2\mu+1)_{2\mu}(-2)^{j-2\mu}\sin(\pi\xi) & \\ \quad+\frac{(-1)^{\mu+1}}{(\pi\xi)^{2\mu+2}}(j-2\mu+2)_{2\mu+1}(-2)^{j-(2\mu+1)}\cos(\pi\xi)\Bigg), & \textit{sonst.}\end{cases}$$

Beweis: Partielle Integration liefert

$$\int(x-1)^j\sin(\pi\xi x)\,\mathrm{d}x=-\frac{(x-1)^j}{\pi\xi}\cos(\pi\xi x)+\frac{j}{\pi\xi}\int(x-1)^{j-1}\cos(\pi\xi x)\,\mathrm{d}x$$

sowie

$$\int(x-1)^j\cos(\pi\xi x)\,\mathrm{d}x=\frac{(x-1)^j}{\pi\xi}\sin(\pi\xi x)-\frac{j}{\pi\xi}\int(x-1)^{j-1}\sin(\pi\xi x)\,\mathrm{d}x.$$

Sukzessives Anwenden führt auf

$$\int(x-1)^j\sin(\pi\xi x)\,\mathrm{d}x=\sum_{\mu=0}^{\lfloor\frac{j}{2}\rfloor}\Bigg(\frac{(-1)^{\mu+1}}{(\pi\xi)^{2\mu+1}}(j-2\mu+1)_{2\mu}(x-1)^{j-2\mu}\cos(\pi\xi x)$$
$$+\frac{(-1)^{\mu}}{(\pi\xi)^{2\mu+2}}(j-2\mu+2)_{2\mu+1}(x-1)^{j-(2\mu+1)}\sin(\pi\xi x)\Bigg)$$

und

$$\int (x-1)^j \cos(\pi\xi x)\,\mathrm{d}x = \sum_{\mu=0}^{\lfloor \frac{j}{2} \rfloor} \left(\frac{(-1)^\mu}{(\pi\xi)^{2\mu+1}} (j-2\mu+1)_{2\mu} (x-1)^{j-2\mu} \sin(\pi\xi x) \right.$$
$$\left. + \frac{(-1)^\mu}{(\pi\xi)^{2\mu+2}} (j-2\mu+2)_{2\mu+1} (x-1)^{j-(2\mu+1)} \cos(\pi\xi x) \right).$$

Die Spezialfälle für H folgen direkt aus Gleichung (5.4.10), denn $H(0,j) = \int_{-1}^{1} 0\,\mathrm{d}x = 0$ und $H(\xi,0) = \int_{-1}^{1} \sin(\pi\xi x)\,\mathrm{d}x = 0$. Für die Funktion G liefert Gleichung (5.4.9) direkt $G(0,0) = \int_{-1}^{1} 1\,\mathrm{d}x = 2$,

$$G(0,j) = \int_{-1}^{1} (x-1)^j\,\mathrm{d}x = \left[\frac{(x-1)^{j+1}}{j+1} \right]_{-1}^{1} = \frac{(-2)^{j+1}}{j+1}$$

sowie

$$G(\xi,0) = \int_{-1}^{1} \cos(\pi\xi x)\,\mathrm{d}x = \left[\frac{1}{\pi\xi} \sin(\pi\xi x) \right]_{-1}^{1} = \frac{2}{\pi\xi} \sin(\pi\xi).$$

□

A.2 Laufzeit- und Ordnungsanalysen

In diesem Abschnitt befinden sich die L_∞- L_1- und L_2-Fehler mit den zugehörigen Konvergenzordnungen sowie Laufzeiten des SD Verfahrens mit unterschiedlichen Einstellungen und Testfällen. Die Implementierung erfolgte in C/C++. Der Eintrag „-“ in den Spalten „EOC“ bedeutet, dass die Konvergenzordnung in der jeweiligen Norm nicht positiv war.

n	k	L_∞-Fehler	EOC	L_1-Fehler	EOC	L_2-Fehler	EOC	Zeit
0	68	2.697178e+00		2.768906e+00		1.626486e+00		4
0	272	1.565233e+00	0,79	1.665250e+00	0,73	9.646714e-01	0,75	15
0	1088	8.689269e-01	0,85	9.193985e-01	0,86	5.296149e-01	0,87	62
0	4352	4.655237e-01	0,90	4.842150e-01	0,93	2.782131e-01	0,93	248
1	68	1.444267e+00		7.969320e-01		5.105854e-01		10
1	272	5.014532e-01	1,53	2.386226e-01	1,74	1.518478e-01	1,75	42
1	1088	1.495853e-01	1,75	6.354128e-02	1,91	4.026681e-02	1,91	166
1	4352	3.791318e-02	1,98	1.621991e-02	1,97	1.025406e-02	1,97	649
2	68	3.669581e-01		1.612112e-01		1.173912e-01		20
2	272	5.779754e-02	2,67	2.541214e-02	2,67	1.781036e-02	2,72	81
2	1088	1.025174e-02	2,50	3.773871e-03	2,75	2.693920e-03	2,72	322
2	4352	2.213064e-03	2,21	5.832253e-04	2,69	4.608826e-04	2,55	1285
3	68	8.942602e-02		2.320903e-02		1.946683e-02		37
3	272	7.445228e-03	3,59	1.863603e-03	3,64	1.532222e-03	3,67	148
3	1088	7.207803e-04	3,37	1.556608e-04	3,58	1.274949e-04	3,59	592
3	4352	1.170442e-04	2,62	1.392347e-05	3,48	1.198257e-05	3,41	2378
4	68	1.287822e-02		2.327890e-03		2.152463e-03		66
4	272	5.608674e-04	4,52	1.025595e-04	4,50	8.765686e-05	4,62	260
4	1088	8.207035e-05	2,77	5.428514e-06	4,24	4.951868e-06	4,15	1039
4	4352	4.694972e-04	-	2.869397e-06	0,92	1.086950e-05	-	4359
5	68	1.851070e-03		2.189395e-04		2.484298e-04		108
5	272	3.920437e-05	5,56	5.198862e-06	5,40	5.042608e-06	5,62	430
5	1088	4.918049e-06	2,99	1.920167e-07	4,76	2.156728e-07	4,55	1718
5	4352	1.193264e-04	-	6.508109e-07	-	2.713835e-06	-	7065
6	68	1.707196e-04		1.641784e-05		1.786116e-05		172
6	272	2.697361e-06	5,98	2.253653e-07	6,19	2.121529e-07	6,40	702
6	1088	3.865658e-06	-	2.519110e-08	3,16	7.970498e-08	1,41	2740
6	4352	1.915140e-02	-	4.581288e-05	-	2.988601e-04	-	11814

Tabelle A.1 SDM mit PKD-Polynomen ohne u-Rekonstruktion: Transportgleichung, Sinus-Anfangsbedingung.

n	k	L_∞-Fehler	EOC	L_1-Fehler	EOC	L_2-Fehler	EOC	Zeit
0	68	2.697178e+00		2.768906e+00		1.626486e+00		2
0	272	1.565233e+00	0,79	1.665250e+00	0,73	9.646714e-01	0,75	10
0	1088	8.689269e-01	0,85	9.193985e-01	0,86	5.296149e-01	0,87	40
0	4352	4.655237e-01	0,90	4.842150e-01	0,93	2.782131e-01	0,93	163
1	68	1.444267e+00		7.969320e-01		5.105854e-01		7
1	272	5.014532e-01	1,53	2.386226e-01	1,74	1.518478e-01	1,75	29
1	1088	1.495853e-01	1,75	6.354128e-02	1,91	4.026681e-02	1,91	115
1	4352	3.791318e-02	1,98	1.621991e-02	1,97	1.025406e-02	1,97	459
2	68	3.669581e-01		1.612112e-01		1.173912e-01		12
2	272	5.779754e-02	2,67	2.541214e-02	2,67	1.781036e-02	2,72	49
2	1088	1.025174e-02	2,50	3.773871e-03	2,75	2.693920e-03	2,72	195
2	4352	2.213064e-03	2,21	5.832253e-04	2,69	4.608826e-04	2,55	781
3	68	8.942602e-02		2.320903e-02		1.946683e-02		21
3	272	7.445228e-03	3,59	1.863603e-03	3,64	1.532222e-03	3,67	85
3	1088	7.207803e-04	3,37	1.556608e-04	3,58	1.274949e-04	3,59	334
3	4352	1.170442e-04	2,62	1.392347e-05	3,48	1.198257e-05	3,41	1336
4	68	1.287822e-02		2.327890e-03		2.152463e-03		35
4	272	5.608674e-04	4,52	1.025595e-04	4,50	8.765686e-05	4,62	139
4	1088	8.207030e-05	2,77	5.428514e-06	4,24	4.951867e-06	4,15	556
4	4352	4.694906e-04	-	2.869332e-06	0,92	1.086931e-05	-	2282
5	68	1.851070e-03		2.189395e-04		2.484298e-04		56
5	272	3.920437e-05	5,56	5.198863e-06	5,40	5.042608e-06	5,62	222
5	1088	4.916945e-06	3,00	1.920139e-07	4,76	2.156587e-07	4,55	888
5	4352	1.108782e-04	-	6.396475e-07	-	2.602898e-06	-	3859
6	68	1.707196e-04		1.641784e-05		1.786116e-05		86
6	272	2.698120e-06	5,98	2.253780e-07	6,19	2.121624e-07	6,40	344
6	1088	3.631943e-06	-	3.018227e-08	2,90	8.641595e-08	1,30	1378
6	4352	9.359398e-01	-	2.605132e-03	-	1.486966e-02	-	6202

Tabelle A.2 SDM mit Lagrange-Polynomen ohne u-Rekonstruktion: Transportgleichung, Sinus-Anfangsbedingung. Hinsichtlich der Laufzeit verbesserte Implementierung.

n	k	L_∞-Fehler	EOC	L_1-Fehler	EOC	L_2-Fehler	EOC	Zeit
0	68	1.025504e+00		1.869179e+00		1.045559e+00		6
0	272	7.077795e-01	0,53	1.223673e+00	0,61	6.830065e-01	0,61	29
0	1088	4.186773e-01	0,76	7.099838e-01	0,79	3.964185e-01	0,78	114
0	4352	2.286684e-01	0,87	3.837182e-01	0,89	2.143872e-01	0,89	446
1	68	5.839550e-01		5.409937e-01		3.141406e-01		31
1	272	2.561600e-01	1,19	1.708400e-01	1,66	9.842070e-02	1,67	123
1	1088	7.167482e-02	1,84	4.662407e-02	1,87	2.674947e-02	1,88	490
1	4352	1.829676e-02	1,97	1.199534e-02	1,96	6.864973e-03	1,96	1986
2	68	2.126042e-01		1.198318e-01		7.629162e-02		61
2	272	3.247833e-02	2,71	1.830453e-02	2,71	1.159394e-02	2,72	245
2	1088	6.212718e-03	2,39	2.501029e-03	2,87	1.642081e-03	2,82	979
2	4352	1.347685e-03	2,20	3.627547e-04	2,79	2.601222e-04	2,66	4028
3	68	4.671796e-02		1.810499e-02		1.273286e-02		129
3	272	4.546729e-03	3,36	1.389782e-03	3,70	1.049660e-03	3,60	524
3	1088	5.702916e-04	3,00	1.161092e-04	3,58	9.440762e-05	3,47	2055
3	4352	1.448758e-04	1,98	1.173529e-05	3,31	1.115059e-05	3,08	8954

Tabelle A.3 SDM mit PKD-Polynomen mit u-Rekonstruktion auf inneren Punkten: Transportgleichung, Sinus-Anfangsbedingung.

n	k	L_∞-Fehler	EOC	L_1-Fehler	EOC	L_2-Fehler	EOC	Zeit
0	68	1.025504e+00		1.869179e+00		1.045559e+00		6
0	272	7.077795e-01	0,53	1.223673e+00	0,61	6.830065e-01	0,61	29
0	1088	4.186773e-01	0,76	7.099838e-01	0,79	3.964185e-01	0,78	114
0	4352	2.286684e-01	0,87	3.837182e-01	0,89	2.143872e-01	0,89	446
1	68	5.822442e-01		5.240815e-01		3.040969e-01		30
1	272	2.547464e-01	1,19	1.673766e-01	1,65	9.657142e-02	1,65	124
1	1088	7.128728e-02	1,84	4.614793e-02	1,86	2.649667e-02	1,87	493
1	4352	1.827994e-02	1,96	1.193502e-02	1,95	6.833134e-03	1,96	1987
2	68	2.126661e-01		1.175240e-01		7.494519e-02		61
2	272	3.251445e-02	2,71	1.794847e-02	2,71	1.143775e-02	2,71	244
2	1088	6.218950e-03	2,39	2.472473e-03	2,86	1.630348e-03	2,81	1114
2	4352	1.348039e-03	2,21	3.609030e-04	2,78	2.594858e-04	2,65	3936
3	68	4.629979e-02		1.927973e-02		1.321932e-02		128
3	272	4.673050e-03	3,31	1.447594e-03	3,74	1.072004e-03	3,62	520
3	1088	5.624147e-04	3,05	1.174314e-04	3,62	9.441144e-05	3,51	2061
3	4352	1.377748e-04	2,03	1.177057e-05	3,32	1.105393e-05	3,09	8646
4	68	8.332259e-03		2.060051e-03		1.563625e-03		255
4	272	3.378742e-04	4,62	8.878229e-05	4,54	6.691510e-05	4,55	1019
4	1088	8.448267e-05	2,00	5.580530e-06	3,99	4.798726e-06	3,80	4078
4	4352	5.388796e-04	-	4.526105e-06	0,30	1.399765e-05	-	16487
5	68	1.152492e-03		2.335800e-04		1.918190e-04		489
5	272	2.708953e-05	5,41	6.137466e-06	5,25	4.787114e-06	5,32	1945
5	1088	1.936109e-05	0,48	5.459527e-07	3,49	8.121399e-07	2,56	7755
5	4352	1.576403e-03	-	7.518381e-06	-	3.413469e-05	-	31765
6	68	8.812774e-05		2.355510e-05		1.724656e-05		877
6	272	4.143039e-06	4,41	6.474924e-07	5,19	4.610889e-07	5,23	3506
6	1088	9.268320e-06	-	2.484230e-07	1,38	3.173239e-07	0,54	14294
6	4352	6.485198e-02	-	1.463483e-04	-	8.865234e-04	-	57039

Tabelle A.4 SDM mit PKD-Polynomen mit u-Rekonstruktion auf 2D-Lobatto-Punkten: Transportgleichung, Sinus-Anfangsbedingung.

n	k	L_∞-Fehler	EOC	L_1-Fehler	EOC	L_2-Fehler	EOC	Zeit
0	74	2.055654e-01		4.164223e-03		1.648965e-02		5
0	296	1.880846e-01	0,13	2.960883e-03	0,49	1.252489e-02	0,40	18
0	1184	1.756540e-01	0,10	2.447305e-03	0,27	1.062547e-02	0,24	68
0	4736	1.579307e-01	0,15	1.836126e-03	0,41	8.652090e-03	0,30	271
1	74	1.674528e-01		6.620496e-03		1.657953e-02		12
1	296	2.091638e-01	-0,32	4.308797e-03	0,62	1.366324e-02	0,28	48
1	1184	1.350688e-01	0,63	1.308767e-03	1,72	6.415744e-03	1,09	184
1	4736	6.548113e-02	1,04	5.540613e-04	1,24	3.421603e-03	0,91	744
2	74	2.044148e-01		7.658796e-03		2.072344e-02		23
2	296	1.273137e-01	0,68	3.307956e-03	1,21	1.074763e-02	0,95	92
2	1184	7.192205e-02	0,82	6.434340e-04	2,36	3.449640e-03	1,64	358
2	4736	1.910151e-02	1,91	1.087169e-04	2,57	7.764819e-04	2,15	1419
3	74	1.595469e-01		4.242978e-03		1.175925e-02		43
3	296	9.522680e-02	0,74	2.282728e-03	0,89	7.810125e-03	0,59	165
3	1184	2.886087e-02	1,72	2.316372e-04	3,30	1.344793e-03	2,54	653
3	4736	2.326976e-03	3,63	2.312065e-05	3,32	9.845515e-05	3,77	2606
4	74	2.523722e-01		5.665189e-03		1.666416e-02		73
4	296	1.184497e-01	1,09	1.679952e-03	1,75	6.378520e-03	1,39	287
4	1184	3.247514e-02	1,87	2.171436e-04	2,95	7.689030e-04	3,05	1142
4	4736	2.872942e+02	-	2.331081e-01	-	2.426116e+00	-	4657
5	74	3.362318e-01		5.242138e-03		1.627800e-02		120
5	296	1.786709e-01	0,91	2.169976e-03	1,27	7.805470e-03	1,06	474
5	1184	3.091126e+00	-	6.298123e-03	-	4.829879e-02	-	1884
5	4736	7.960057e+06	-	5.521693e+03	-	6.400444e+04	-	7961
6	74	4.504635e-01		1.045075e-02		2.964584e-02		191
6	296	1.241074e+00	-	9.814718e-03	0,09	3.474650e-02	-	753
6	1184	3.170748e+04	-	3.016207e+01	-	3.329376e+02	-	3000
6	4736	3.495887e+15	-	1.331902e+12	-	2.071303e+13	-	12853

Tabelle A.5 SDM mit PKD-Polynomen ohne u-Rekonstruktion: Transportgleichung, Gauss-Anfangsbedingung. Höhere Ordnungen zeigten keine positiven Konvergenzraten mehr.

n	k	L_∞-Fehler	EOC	L_1-Fehler	EOC	L_2-Fehler	EOC	Zeit
0	74	1.897215e-01		1.950328e-03		1.036316e-02		9
0	296	1.878325e-01	0,01	1.784312e-03	0,13	1.009751e-02	0,04	32
0	1184	1.761716e-01	0,09	1.609606e-03	0,15	9.347098e-03	0,11	125
0	4736	1.584672e-01	0,15	1.340025e-03	0,26	8.219004e-03	0,19	495
1	74	1.787022e-01		1.859569e-03		9.642670e-03		35
1	296	1.405622e-01	0,35	1.485489e-03	0,32	7.858455e-03	0,30	138
1	1184	1.071463e-01	0,39	9.616263e-04	0,63	5.934302e-03	0,41	541
1	4736	6.240203e-02	0,78	4.639958e-04	1,05	3.324873e-03	0,84	2174
2	74	1.367948e-01		1.936782e-03		8.234851e-03		68
2	296	1.098798e-01	0,32	1.341656e-03	0,53	7.034895e-03	0,23	271
2	1184	7.125299e-02	0,62	5.009306e-04	1,42	3.321470e-03	1,08	1071
2	4736	1.886114e-02	1,92	9.424331e-05	2,41	7.646381e-04	2,12	4313
3	74	1.066307e-01		2.199845e-03		9.130982e-03		145
3	296	9.284282e-02	0,20	1.240389e-03	0,83	6.065500e-03	0,59	562
3	1184	2.590554e-02	1,84	1.971276e-04	2,65	1.313051e-03	2,21	2280
3	4736	2.150485e-03	3,59	1.621343e-05	3,60	9.204957e-05	3,83	9114

Tabelle A.6 SDM mit PKD-Polynomen mit u-Rekonstruktion auf inneren Punkten: Transportgleichung, Gauss-Anfangsbedingung.

n	k	L_∞-Fehler	EOC	L_1-Fehler	EOC	L_2-Fehler	EOC	Zeit
0	74	1.897215e-01		1.950328e-03		1.036316e-02		9
0	296	1.878325e-01	0,01	1.784312e-03	0,13	1.009751e-02	0,04	32
0	1184	1.761716e-01	0,09	1.609606e-03	0,15	9.347098e-03	0,11	125
0	4736	1.584672e-01	0,15	1.340025e-03	0,26	8.219004e-03	0,19	495
1	74	1.661411e-01		1.910983e-03		9.294327e-03		36
1	296	1.417547e-01	0,23	1.527225e-03	0,32	8.086188e-03	0,20	137
1	1184	1.069994e-01	0,41	9.561670e-04	0,68	5.910321e-03	0,45	542
1	4736	6.215482e-02	0,78	4.623166e-04	1,05	3.314848e-03	0,83	2174
2	74	1.386795e-01		1.849697e-03		7.723553e-03		69
2	296	1.051844e-01	0,40	1.373484e-03	0,43	7.136044e-03	0,11	273
2	1184	6.947356e-02	0,60	4.935525e-04	1,48	3.267181e-03	1,13	1075
2	4736	1.855631e-02	1,90	9.348735e-05	2,40	7.570063e-04	2,11	4322
3	74	1.176303e-01		2.242920e-03		9.214917e-03		145
3	296	8.824089e-02	0,41	1.197626e-03	0,91	5.828407e-03	0,66	568
3	1184	2.575874e-02	1,78	1.984203e-04	2,59	1.300198e-03	2,16	2324
3	4736	2.215152e-03	3,54	1.903050e-05	3,38	9.841828e-05	3,72	9220
4	74	2.010059e-01		2.504466e-03		1.005258e-02		279
4	296	1.253886e-01	0,68	1.313214e-03	0,93	5.804774e-03	0,79	1170
4	1184	7.166330e-02	0,81	3.423438e-04	1,94	1.466609e-03	1,98	4449
4	4736	3.068537e+02	-	2.461154e-01	-	2.529873e+00	-	18772
5	74	4.047114e-01		4.119416e-03		1.549924e-02		551
5	296	1.616349e-01	1,32	1.806040e-03	1,19	6.793842e-03	1,19	2118
5	1184	4.690724e+00	-	9.790788e-03	-	7.486243e-02	-	8432
5	4736	8.867491e+06	-	6.162201e+03	-	7.152365e+04	-	34795

Tabelle A.7 SDM mit PKD-Polynomen mit u-Rekonstruktion auf 2D-Lobatto-Punkten: Transportgleichung, Gauss-Anfangsbedingung.

n	k	L_∞-Fehler	EOC	L_1-Fehler	EOC	L_2-Fehler	EOC	Zeit
0	66	4.323073e-01		1.376474e+00		3.563564e-01		30
0	264	3.206226e-01	0,43	7.267900e-01	0,92	1.860314e-01	0,94	113
0	1056	1.638228e-01	0,97	3.921757e-01	0,89	1.025717e-01	0,86	439
0	4224	8.429667e-02	0,96	2.068587e-01	0,92	5.419070e-02	0,92	1741
1	66	1.716957e-01		7.258943e-01		1.597534e-01		103
1	264	1.165825e-01	0,56	1.967063e-01	1,88	5.271515e-02	1,60	402
1	1056	3.644254e-02	1,68	6.068183e-02	1,70	1.653672e-02	1,67	1586
1	4224	9.558986e-03	1,93	1.877412e-02	1,69	4.980978e-03	1,73	6597
2	66	1.330854e-01		2.942199e-01		7.329851e-02		168
2	264	5.054851e-02	1,40	5.315188e-02	2,47	1.515368e-02	2,27	661
2	1056	7.110015e-03	2,83	9.413696e-03	2,50	2.685942e-03	2,50	2616
2	4224	1.177321e-03	2,59	1.611246e-03	2,55	4.602812e-04	2,54	11571
3	66	4.631441e-02		1.149099e-01		2.982867e-02		279
3	264	9.610205e-03	2,27	1.419123e-02	3,02	4.333571e-03	2,78	1071
3	1056	1.107600e-03	3,12	1.353859e-03	3,39	4.122660e-04	3,39	4251
3	4224	1.314043e-04	3,08	1.274564e-04	3,41	3.759201e-05	3,46	18960
4	66	2.948647e-02		5.166486e-02		1.614078e-02		436
4	264	4.020919e-03	2,87	3.564004e-03	3,86	1.184539e-03	3,77	1721
4	1056	2.576286e-04	3,96	1.990834e-04	4,16	6.890750e-05	4,10	6890
4	4224	1.992129e-05	3,69	2.077197e-05	3,26	5.538345e-06	3,64	30435
5	66	1.044112e-02		2.346886e-02		6.753494e-03		683
5	264	1.062188e-03	3,30	1.002630e-03	4,55	3.884224e-04	4,12	2717
5	1056	8.331215e-05	3,67	3.984221e-05	4,65	1.350019e-05	4,85	10840
5	4224	7.738957e-06	3,43	1.210898e-05	1,72	4.130267e-06	1,71	47681
6	66	1.253799e-02		1.167513e-02		4.364012e-03		1042
6	264	4.305772e-04	4,86	2.623959e-04	5,48	1.035611e-04	5,40	4133
6	1056	2.026233e-05	4,41	1.561839e-05	4,07	4.840510e-06	4,42	16935
6	4224	1.024874e-05	0,98	1.169102e-05	0,42	4.443078e-06	0,12	70440

Tabelle A.8 SDM mit PKD-Polynomen ohne u-Rekonstruktion: Eulergleichungen, Isentroper Wirbel.

Literaturverzeichnis

[1] M. Abramowitz and I. A. Stegun. *Pocketbook of mathematical functions.* Verlag Harri Deutsch, 1984.

[2] R. Ansorge and T. Sonar. *Mathematical Models of Fluid Dynamics.* WILEY-VCH Verlag GmbH & Co., 2009.

[3] A. Balan, G. May, and J. Schöberl. A Stable Spectral Difference Method for Triangles. *AIAA 2011-49*, 2011.

[4] G. E. Barter and D. L. Darmofal. Shock Capturing with Higher-Order, PDE-Based Artificial Viscosity. *AIAA 2007-3823*, 2007.

[5] M. G. Blyth, H. Luo, and C. Pozrikidis. A comparison of interpolation grids over the triangle or the tetrahedron. *Journal of Engineering Mathematics*, 56:263–272, 2006.

[6] M. G. Blyth and C. Pozrikidis. A Lobatto interpolation grid over the triangle. *IMA Journal of Aplied Mathematics*, 71:153–169, 2006.

[7] F. Brezzi and M. Fortin. *Mixed and Hybrid Finite Element Methods.* Springer Series in Computational Mathematics. Springer-Verlag, 1991.

[8] J. C. Butcher. *The numerical analysis of ordinary differential equations: Runge-Kutta and general linear methods.* Wiley-Interscience, 1987.

[9] C. Canuto, M. Y. Hussaini, A. Quarteroni, and T. A. Zang. *Spectral Methods Fundamentals in Single Domains.* Springer, 2006.

[10] C. Canuto, M. Y. Hussaini, A. Quarteroni, and T. A. Zang. *Spectral Methods Evolution to Complex Geometries and Applications to Fluid Dynamics.* Springer, 2007.

[11] M. H. Carpenter and C. A. Kennedy. Fourth-Order 2N-Storage Runge-Kutta Schemes. Technical Report 109112, NASA, 1994.

[12] H. S. Carslaw. *Introduction to the Theory of Fourier's Series and Integrals.* Dover Publications, third revised edition, 1930.

[13] K. V. den Abeele, C. Lacor, and Z. Wang. On the Stability and Accuracy of the Spectral Difference Method. *Journal of Scientific Computing*, 37:162–188, 2008.

[14] M. Dubiner. Spectral Methods on Triangles and Other Domains. *Journal of Scientific Computing*, 6(4):345–390, 1991.

[15] C. F. Dunkl and Y. Xu. *Orthogonal Polynomials of Several Variables.* Encyclopedia of Mathematics and its Applications. Birkhäuser, 1992.

[16] L. C. Evans. *Partial Differential Equations*, volume 19 of *Graduate Studies in Mathematics.* AMS, 1998.

[17] J. H. Ferziger and M. Perić. *Computational Methods for Fluid Dynamics.* Springer, 1999.

[18] O. Friedrich. *Gewichtete wesentlich nicht-oszillierende Verfahren auf unstrukturierten Gittern.* PhD thesis, Universität Hamburg, 1999.

[19] W. Gautschi. *Orthogonal Polynomials: Computation and Approximation.* Oxfordt University Press, 2004.

[20] A. Gelb and E. Tadmor. Detection of Edges in Spectral Data. *Applied and Computational Harmonic Analysis*, 7:101–135, 1999.

[21] A. Gelb and E. Tadmor. Enhanced spectral viscosity approximations for conservation laws. *Applied Numerical Mathematics*, 33:3–21, 2000.

[22] A. Gelb and E. Tadmor. Spectral reconstruction of piecewise smooth functions from their discrete data. *Mathematical Modelling and Numerical Analysis*, 36(2): 155–175, 2002.

[23] D. Gottlieb and J. S. Hesthaven. Spectral methods for hyperbolic problems. *Journal of Computational and Applied Mathematics*, 128:83–131, 2001.

[24] D. Gottlieb and S. A. Orszag. *Numerical Analysis of Spectral Methods: Theory and Applications*, volume 26 of *CBMS-NSF Regional Conference Series in Applied Mathematics.* SIAM, 1977.

[25] S. Gottlieb and C.-W. Shu. Total variation diminishing Runge-Kutta schemes. Technical Report 96-50, Institut for Computer Applications in Science and Engineering, NASA Langley Research Center, 1996.

[26] J. S. Hesthaven. From Electrostatics To Almost Optimal Nodal Sets For Polynomial Interpolation In A Simplex. *SIAM Journal of Numerical Analysis*, 35(2):655–676, 1998.

[27] J. S. Hesthaven and R. M. Kirby. Filtering in Legendre Spectral Methods. *Mathematics of Computation*, 77(263):1425–1452, 2008.

[28] J. S. Hesthaven and T. Warburton. *Nodal Discontinuous Galerkin Methods*, volume 54 of *Texts in Applied Mathematics.* 2008.

[29] H. T. Huynh. A Flux Reconstruction Approach to High-Order Schemes Including Discontinuous Galerkin Methods. *AIAA 2007-4079*, 2007.

[30] A. Jameson. A Proof of the Stability of the Spectral Difference Method for All Orders of Accuracy. *Journal of Scientific Computing*, 45:348–358, 2010.

[31] G.-S. Jiang and C.-W. Shu. Efficient Implementation of Weighted ENO Schemes. *Journal of Computational Physics*, 126:202–228, 1996.

[32] G. E. Karniadakis and S. J. Sherwin. *Spectral/hp Element Methods for CFD.* Oxfordt University Press, 1999.

[33] T. Koornwinder. Two-variable analogues of the classical orthogonal polynomials. In R. Askey, editor, *Theory and Applications of Special Functions.* Academic Press, 1975.

[34] D. A. Kopriva and J. H. Kolias. A Conservative Staggered-Grid Chebyshev Multidomain Method for Compressible Flows. *Journal of Computational Physics*, (125): 244–261, 1996.

[35] A. G. Kulikovskii, N. V. Pogorelov, and A. Y. Semenov. *Mathematical aspects of numerical solution of hyperbolic systems*, volume 118 of *Monographs and Surveys in Pure and Applied Mathematics*. Chapman & HallCRC, 2001.

[36] R. J. LeVeque. *Numerical Methods for Conservation Laws*. Lectures in Mathematics ETH Zürich. Birkhäuser, 1992.

[37] R. J. LeVeque. *Finite Volume Methods for Hyperbolic Problems*. Cambridge University Press, 2002.

[38] Y. Liu, M. Vinokur, and Z. Wang. Multi-Dimensional Spectral Difference Method for Unstructured Grids. Technical report, NAS Technical Report NAS-05-009, 2005.

[39] Y. Liu, M. Vinokur, and Z. Wang. Spectral difference method for unstructured grids I: Basic formulation. *Journal of Computational Physics*, 216:780–801, 2006.

[40] F. Lukács. Ueber die Bestimmung des Sprunges einer Funktion aus ihrer Fourierreihe. *Journal für die Reine und Angewandte Mathematik*, (150):107–112, 1920.

[41] H. Ma. Chebyshev-Legendre Super Spectral Viscosity Method for Nonlinear Conservation Laws. *SIAM Journal on Numerical Analysis*, 35(3):893–908, 1998.

[42] Y. Maday, S. M. O. Kaber, and E. Tadmor. Legendre Pseudospectral Viscosity Method for nonlinear Conservation Laws. *SIAM Journal on Numerical Analysis*, 30:321–342, 1993.

[43] G. May. On the Connection Between the Spectral Difference Method and the Discontinuous Galerkin Method. *Communications in Computational Physics*, 2010.

[44] G. May and A. Jameson. High-Order-Accurate Methods for High-Speed Flow. 17th AIAA Computational Fluid Dynamics Conference, 2005.

[45] G. May and A. Jameson. A Spectral Difference Method for the Euler and Navier-Stokes Equations on Unstructured Meshes, 2006.

[46] G. May and J. Schöberl. Analysis of a Spectral Difference Scheme with Flux Interpolation on Raviart-Thomas Elements. *RWTH Aachen University- preprint*, 2010.

[47] A. Meister, S. Ortleb, and T. Sonar. On Spectral Filtering for Discontinuous Galerkin Methods on Unstructured Triangular Grids. *Preprint: Mathematische Schriften Kassel*, 2009.

[48] A. Meister, S. Ortleb, and T. Sonar. Application of Spectral Filtering to Discontinuous Galerkin Methods on Triangulations. *to be published in Numerical Methods for PDEs*, 2012.

[49] F. Móricz. Extension of a Theorem of Ferenc Lukács from Single to Double Conjugate Series. *Journal of Mathematical Analysis and Applications*, 259:582–592, 2001.

[50] K. Morton and T. Sonar. Finite volume methods for hyperbolic conservation laws. *Acta Numerica*, 16:155–238, 2007.

[51] S. Ortleb. *Ein diskontinuierliches Galerkin-Verfahren hoher Ordnung auf Dreiecksgittern mit modaler Filterung zur Lösung hyperbolischer Erhaltungsgleichungen*. PhD thesis, Universität Kassel, 2011.

[52] P.-O. Persson and J. Peraire. Sub-Cell Shock Capturing for Discontinuous Galerkin Methods. *AIAA-2006-112*, 2006.

[53] S. Premasuthan, C. Liang, and A. Jameson. Computation Of Flows with Shocks Using Spectral Difference Scheme with Artifical Viscosity. *AIAA 2010-1449*, 2010.

[54] J. Prioriol. Sur une famille de polynomes 'a deux variables orthogonaux dans un triangle. *C. R. Acad. Sc. Paris*, 245:2459–2461, 1957.

[55] F. Schröder-Pander, T. Sonar, and O. Friedrich. Generalized multiresolution analysis on unstructured grids. *Numerische Mathematik*, 86:685–715, 2000.

[56] C.-W. Shu and S. Osher. Efficient Implementation of Essentially Non-oscillatory Shock-Capturing Schemes. *Journal of Computational Physics*, 77:439–471, 1988.

[57] P. Silvester. Symmetric Quadrature Formulae for Simplexes. *Mathematics of Computation*, 24:95–100, 1970.

[58] P. K. Suetin. *Orthogonal Polynomials in Two Variables*, volume 3. Gordon and Breach Science Publishers, 1990.

[59] Y. Sun, Z. J. Wang, and Y. Liu. High-.Order Multidomain Spectral Difference Method for the Navier-Stokes Equations. *AIAA 2006-301*, 2006.

[60] Y. Sun, Z. J. Wang, and Y. Liu. Efficient Implicit Non-linear LU-SGS Approach for Compressivle Flow Computation Using Hihg-Order Spectral Difference Method. *Communications in Computational Physics*, 5(2-4):760–778, 2009.

[61] G. Szegö. *Orthogonal Polynomials*, volume 23. American Mathematical Society, 1939.

[62] E. Tadmor. Convergence of Spectral Methods to Nonlinear Conservation Laws. *SIAM Journal on Numerical Analysis*, 26(1):30–44, 1989.

[63] E. Tadmor. Shock capturing by the Spectral Viscosity Method. *Computer Methods in Applied Mechanics and Engineering*, 80:197–208, 1990.

[64] E. Tadmor. Super Viscosity and Spectral Approximations of Nonlinear Conservation Laws. In M. J. Baines and K. W. Morton, editors, *Numerical Methods for Fluid Dynamics*, volume IV, pages 69–82. Clarendon Press, 1999.

[65] E. Tadmor. Filters, mollifiers and the computation of the Gibbs phenomenon. *Acta Numerica*, 16:305–378, 2007.

[66] M. A. Taylor and B. A. Wingate. The natural function space for triangular and tetrahedral spectral elements. Technical report, Los Alamos National Laboratory Report LA-UR-98-1711, 1998.

[67] M. A. Taylor, B. A. Wingate, and R. E. Vincent. An algorithm for computing Fekete points in the triangle. *SIAM Journal of Numerical Analysis*, 38(5):1707–1720, 2000.

[68] E. Toro. *Riemann Solvers and Numerical Methods for Fluid Dynamics*. Springer, 1999.

[69] H. Vandeven. Family of Spectral Filters for Discontinuous Problems. *Journal of Scientific Computing*, 6(2):159–192, 1991.

[70] Z. Wang, Y. Liu, G. May, and A. Jameson. Spectral difference method for unstructured grids II: Extension to the Euler Equations. *Journal of Scientific Computing*, 32(1), 2007.

[71] Z. J. Wang. High-order methods for the Euler and Navier-Stokes equations on unstructured grids. *Progress in Aerospace Sciences*, 43:1–41, 2007.

[72] Z. J. Wang and H. Gao. A unifying lifting collocation penalty formulation for the Euler Equations on Mixed Grids. *AIAA 2009-401*, 2009.

[73] Z. J. Wang and H. Gao. A unifying lifting collocation penalty formulation including the discontinuous Galerkin, spectral volume/difference methods for conservation laws on mixed grids. *Journal of Computational Physics*, 228:8161–8186, 2009.

[74] Z. J. Wang and Y. Liu. The Spectral Difference Method for the 2D Euler Equations on Unstructured Grids. *AIAA 2005-5112*, 2005.

[75] T. Warburton. An explicit construction of interpolation nodes on the simplex. *Journal of Engineering Mathematics*, 56:247–262, 2006.

[76] A. Zygmund. *Trigonometrical series*. Dover Publications, 1955.

[77] A. Zygmund. *Trigonometric series*, volume I and II. Cambridge University Press, 1959.

Index